浙江省普通高校“十三五”新形态教材
基础医学实验创新系列教材

生物化学与分子生物学实验

主　编　孙爱华　杜　蓬

副主编　徐　煌　郑红花　王黎芳　钱　晶

编　者　（按姓氏笔画排序）

王黎芳（杭州医学院）
刘小香（杭州医学院）
孙爱华（杭州医学院）
杜　蓬（杭州医学院）
张　弦（厦门大学医学院）
陈文虎（杭州医学院）
陈秀芳（温州医科大学）
罗　艳（杭州师范大学医学院）
周　婕（浙江大学医学院）
周芳美（浙江中医药大学）
郑红花（厦门大学医学院）
钱　晶（湖州师范学院医学院）
徐　煌（嘉兴学院医学院）
徐伯赢（湖州师范学院医学院）
徐银海（徐州医科大学）
黄　桦（蚌埠医学院）
韩　冬（嘉兴学院医学院）
褚美芬（杭州医学院）

科学出版社
北　京

内 容 简 介

本教材有 39 个实验，包括基本知识和技能、基础性实验、综合性实验和实验设计与数据分析四章，涉及蛋白质、核酸、维生素、糖类、脂类、激素和物质代谢等各个生物化学的研究对象以及常用的分子生物学技术方法。

本教材内容全面，可操作性强，实验重复性较好，适合作为高等院校医学、药学与生物学等专业的实验教材，亦可供有关教师和科研人员参考。

图书在版编目（CIP）数据

生物化学与分子生物学实验 / 孙爱华，杜蓬主编. —北京：科学出版社，2020.3

浙江省普通高校“十三五”新形态教材·基础医学实验创新系列教材

ISBN 978-7-03-064454-1

Ⅰ. ①生… Ⅱ. ①孙… ②杜… Ⅲ. ①生物化学–实验–医学院校–教材②分子生物学–实验–医学院校–教材 Ⅳ. ①Q5-33②Q7-33

中国版本图书馆 CIP 数据核字（2020）第 027528 号

责任编辑：李　植　胡治国 / 责任校对：郭瑞芝

责任印制：霍　兵 / 封面设计：范　唯

科学出版社 出版

北京东黄城根北街 16 号

邮政编码：100717

http://www.sciencep.com

保定市中画美凯印刷有限公司印刷

科学出版社发行　各地新华书店经销

*

2020 年 3 月第　一　版　开本：787×1092　1/16

2025 年 1 月第七次印刷　印张：9

字数：220 000

定价：36.00 元

（如有印装质量问题，我社负责调换）

基础医学实验创新系列教材
编写指导委员会

序

医学实验教学在整个医学教育中具有重要地位，是教育过程中实现创新人才培养目标的重要环节，也是保证和提高医学人才培养质量的必要手段。随着计算机、网络和信息技术的飞速发展，改革基础医学实验教学的内容和方法已经势在必行。

在纸质教材中融入数字化教学资源，可突破传统教材在时间和空间上的限制，丰富教学内容的同时促使学生多元化、多渠道地接受教学信息，在学习中发现问题、解决问题。因此，我们根据国内医学类高校实验教学改革的经验，融合互联网信息技术和资源，提出了创新基础医学实验教材的想法。本套基础医学实验创新系列教材包括《医学机能实验学》《医学形态实验学》《生物化学与分子生物学实验》《病原生物与免疫学实验》4 本教材，于 2017 年 9 月被立项为浙江省普通高校“十三五”新形态教材项目。

现代高等医学教育强调培养学生的探索精神、科学思维、实践能力和创新能力。本套实验教材的编写遵循“由浅入深、循序渐进”的原则，注重实验教学内容的必要性、实用性、综合性和创新性；减少验证性实验，改进经典性实验，加强综合性实验，增加创新性实验；着重培养学生的实践能力、知识应用能力和创新性思维。教材内容编排充分考虑多学科、多层次教学的需求，内容设置兼顾临床医学及相关专业人才的培养目标需求，也可供研究生和医学研究人员参考使用。

根据新形态教材建设要求，本套教材配备了丰富的数字化资源。资源内容主要包括实验原理拓展、实验仪器演示、基本操作技术示范、形态图片、案例分析、相关知识学习等，资源形式有图片、动画、视频、文档等。通过在纸质教材上插入二维码的方式展示数字化资源，充分拓展教学内容，打造立体阅读体验，创新实验教材模式。

本系列教材由十余所高等医学院校一线教师共同编写而成，在编写和出版过程中得到了各参编院校和科学出版社的大力支持，在此一并致以衷心感谢！新形态教材是一种全新的尝试，由于编者水平有限，教材中难免存在不足之处，恳请广大师生和读者提出宝贵意见和建议。

“基础医学实验创新系列教材”编写指导委员会

2018 年 5 月

前　言

随着越来越多的疾病分子机制被揭示及以生物大分子相互作用为核心的疾病治疗手段被开发，生物化学在医学中的地位日益突显。作为一门实验性基础医学学科，生物化学课程的实验教学在医学本科学生的培养过程中有着重要的意义。对于医学生而言，日后无论从事临床实践、药物生产、医学教育，还是研究开发等不同工作，获得广泛的生物分子实验室操作经验都是非常必要的。

本教材共包含39个实验，内容设置由来自多个医学本科院校的从事生物化学与分子生物学教学的一线教师共同制订，并与理论教学内容相对应，包括基本知识和技能、基础性实验、综合性实验和实验设计与数据分析四个板块，涉及糖类、脂类、蛋白质、核酸、酶、维生素、激素与物质代谢等生物化学研究对象，以及常用的分子生物学技术方法，其中也不乏科学研究中的新技术和新手段。

为了顺应当下网络资源丰富多样、知识理论快速更新的形势，改革基础医学实验教学的内容和方法已经势在必行。在纸质实验指导教材中融入数字化教学资源，可多维度地突破传统教材在时空上的限制，丰富教学内容，增强学习体验，提高学生自主学习、分析问题、解决问题的能力，辅助实验教学的顺利进行。因此，我们总结各医学院校实验教学改革的已有经验，拓展教学资料、融合网络资源，提出了创新生物化学与分子生物学实验教材的想法。本教材于2017年9月被立项为浙江省普通高校“十三五”新形态教材项目。

根据新形态教材建设要求，本教材针对不同实验配备了丰富的数字化资源，内容包括原理拓展、仪器演示、基本操作示范、实验流程、案例分析、临床意义等，资源形式有图片、动画、视频、文档等。此外，通过在纸质教材上嵌入二维码链接数字化资源，可充分且灵活地补充、拓展原有教材的教学内容，展现立体化阅读的新型实验教材模式。

本系列教材由多所高等医学院校的一线教师共同编写而成，在编写和出版过程中得到了各参编院校和科学出版社的大力支持，在此一并致以衷心感谢！新形态教材是一种全新的尝试，由于编者水平有限，教材中难免存在不足之处，敬请广大读者批评指正。

编　者

2018年9月

目　录

第一章

基本知识和技能

第一节　绪　　论

（一）实验室规则

实验课是培养学生基本技能，加强学生综合分析能力的重要环节，为了提高教学质量，取得良好的实验教学效果，要求学生做到以下几点。

1. 端正态度，遵守纪律　课前将私人物品存放妥当、工作服穿戴整齐、通信工具关闭或调至静音后方可进入实验室。自觉遵守课堂纪律，不得迟到早退、无故旷课。严禁在实验室内饮食、喧哗、吸烟；不得用器械、试剂或实验动物嬉闹。

2. 课前预习，有备而来　实验前仔细阅读教材，结合实验内容复习相关理论。充分理解实验的教学目的和要求，了解实验步骤和操作程序、预测实验结果、注意和估计实验中可能发生的误差，熟记有关注意事项，以免盲目操作影响实验效果，防止发生意外。

3. 认真操作，仔细观察　按照实验步骤、有序正规操作，仔细观察实验过程中出现的现象。一旦操作有误，应报告老师，及时更正。如征询带教老师同意后对部分实验方案进行调整、加入个性化创新性研究。

4. 客观记录，科学分析　必须真实、准确、客观地记录实验现象和所得数据，不应更改原始记录，培养实事求是的科学作风。运用逻辑思维方法，科学地分析并判断实验结果。如实验结果不理想，在实验时间允许的前提下进行重复或调整。如时间不允许重复，可以针对实验结果进行讨论，理清问题根本所在并讨论如何改进。

5. 实验报告，求实存真　实验讨论和结论的书写既是对客观的实验结果的总结，也是富有创新性的工作，应积极思考，不得抄袭。书写报告字迹要端正，图表要清晰，按时上交实验报告待老师批阅。

6. 保持整洁，及时清理　保持药品和试剂的纯净性，严防交叉污染。养成良好的卫生习惯，实验过程中保持实验室、实验台面、实验所用仪器的清洁。及时清洗、整理、存放所用的物品；注意生物安全，实验废液、废弃物按要求集中存放处理。

7. 爱护公物，注意安全　实验完毕后，仪器、试剂应物归原处。如有物品损坏，应及时报告指导老师。注意执行各项安全规定，随时注意防火、防爆及用电安全。打扫卫生结束后，立即离开实验室，不得逗留。门窗、水、电均要关好。

（二）生物化学与分子生物学实验技术的发展

医学生学习的生物化学与分子生物学是以人体为研究对象的生命科学课程，其以正常人体的物质组成、代谢为基础，在分子水平上探讨生命的本质和疾病发生的代谢基础。回顾生命科学的发展历程，实验技术一直起着非常重要的促进作用，生物化学结合物理、化学和生物学相关理论和技术，形成了生物化学与分子生物学实验技术新学科。

生物化学与分子生物学目前常用的实验技术包括离心技术、分光光度技术、电泳技术、层析技术和核酸分子杂交技术。

（三）实验技术与医学

作为医学基础课程，生物化学与分子生物学实验技术的发展在阐明病因、发病机制及疾病的诊断和治疗方面起到重要作用，并显示出广阔发展前景。

离心技术是蛋白质、核酸及细胞组分分离的最常用方法之一，尤其是超速冷冻离心，其已经成为研究生物大分子实验中常用的技术方法，主要用于对分光光度技术、电泳技术、层析技术和核酸分子杂交技术等所需的样本进行分离和纯化处理。分光光度技术是比色法的发展，比色法只限于可见光区，分光光度技术则可以扩展到紫外光区和红外光区。红外分光光度法或紫外分光光度法都可用于测定溶液中物质的含量。分光光度技术广泛用于人体器官、组织、细胞、体液或提取液中目的成分的定量测定，如本教材中对血清葡萄糖、血清三酰甘油和血清白蛋白等的测定。电泳是指混悬于溶液的样品（来自于人体器官、组织、细胞的各种成分或提取物）中的带电颗粒在电场作用下，向极性相反方向移动的现象。电泳技术常用于血浆蛋白成分检测、血清中的酶及同工酶检测，可为临床疾病诊断提供支持。层析技术是一种利用混合物中各组分的物理、化学性质差异，对以不同速度移动的组分进行物理分离的方法，它作为重要大分子分离纯化技术，对现代分子生物学的发展有重要的意义，适合医学院相关专业人员及临床医师使用。由于核酸分子杂交的高度特异性及检测方法的灵敏性，其已成为分子生物学中最常用的基本技术，并被广泛应用于基因克隆的筛选、酶切图谱的制作、基因序列的定量和定性分析及基因突变的检测等。

（孙爱华）

第二节　生物化学与分子生物学实验基本操作

一、玻璃器皿的清洗

生物化学与分子生物学实验常用各种玻璃器皿，其清洁程度将直接影响测量体积的准确性和实验结果的可靠性。因此，玻璃器皿的清洗不仅是常规的实验准备工作，而且是一项重要的基本生化技术。

洗涤后的玻璃器皿要求洁净透明，玻璃表面不含可溶解物质，双蒸水沿内壁自然下流而不挂壁。

玻璃器皿的洗涤方式有多种，可根据实验要求和污物的性质选择不同的清洗方法。

（一）新购玻璃器皿的清洗

新购玻璃器皿表面附着油污和灰尘，特别是附着可游离的金属离子，因此新购玻璃器皿需要用洗涤剂刷洗，流水冲净后，浸泡于10%的 Na_2CO_3 溶液中，并煮沸。然后用流水冲洗，再浸泡于1%～2%的 HCl 溶液中过夜。用流水洗净酸液，再用少量双蒸水冲洗2～3次后，干燥备用。

（二）使用过的玻璃器皿的清洗

1. 一般非计量玻璃器皿和粗容量器皿　如试管、烧杯、锥形瓶、量筒等先用洗涤剂刷洗，再用自来水冲洗干净，最后用少量双蒸水冲洗2～3次后，干燥备用。

2. 容量分析器皿　如移液管、吸量管、滴定管、容量瓶等，先用自来水冲洗，沥干后，于铬酸洗液中浸泡数小时，先用自来水后用双蒸水冲洗干净，干燥备用。

3. 比色皿　用毕立即用自来水反复冲洗，如有污物黏附于杯壁，宜用盐酸或适当溶剂清洗，然后先用自来水清洗，再用双蒸水洗净，倒置于清洁处晾干备用。切忌用刷子、粗糙的布或滤纸等擦拭。

二、样品的称量

称量是生物化学与分子生物学实验的基本操作技能。实验室常用的称量仪器有托盘天平、扭力天平和电子天平等（图 1-1）。它们都是根据杠杆原理设计而成的。一般而言，托盘天平的感量为 0.1 g，扭力天平的感量为 0.01 g，而电子天平感量有 0.001 g（千分之一）、0.0001 g（万分之一）、0.000 01 g（十万分之一）等。根据不同的称量精确度要求选用不同类型的天平，这样既能达到实验对精确度的要求，又能节省称量时间，减少不必要的繁琐步骤，也能延长天平的寿命。

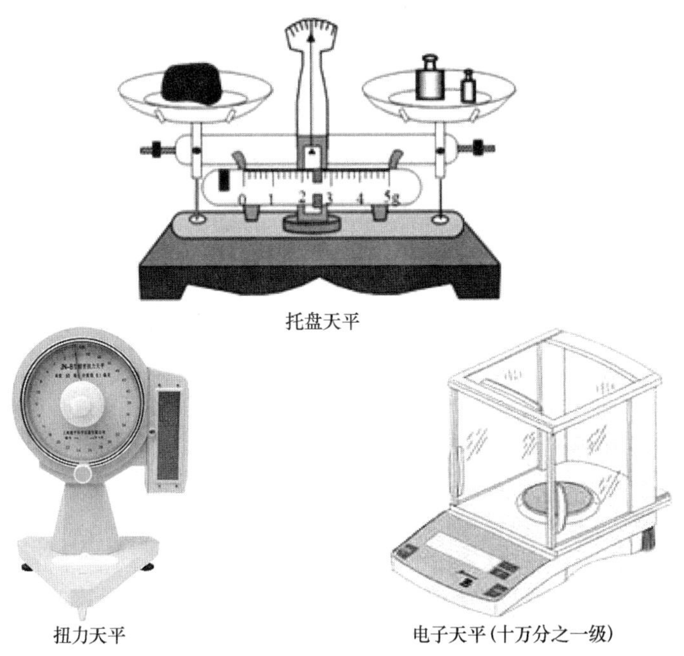

图 1-1　天平简图

本节重点介绍电子天平的使用方法。

（1）调节水平：调节两只水平调节脚，直至水平泡至中央位置。

（2）开机：接通电源，单击“ON”键，天平显示自检，当天平显示归零时，即可称量。

（3）称量：放置称量纸，按显示屏两侧的去皮键，待显示归零时，在称量纸上加所要称量的样品，待数值稳定，读取重量。

（4）关机：长按“OFF”键直至显示“OFF”字样，松开该键。

电子天平使用的注意事项如下所示。

（1）根据所要称量的重量选择合适量程的天平。

（2）天平在安装时已经过严格校准，故不可轻易移动天平，否则校准工作需重新进行。

（3）不得将称量的样品或化学试剂直接放在天平盘上。

（4）每次称量后应清洁天平，避免对天平造成污染，否则会影响称量精度，影响他人的工作。

三、溶液的量取

（一）刻度吸管

刻度吸管供量取 10 mL 以下任意体积的溶液，常用规格有 10 mL、5 mL、2 mL、1 mL 等。选取原则为取液量最接近于刻度吸管的最大量程。使用方法如图 1-2 所示。

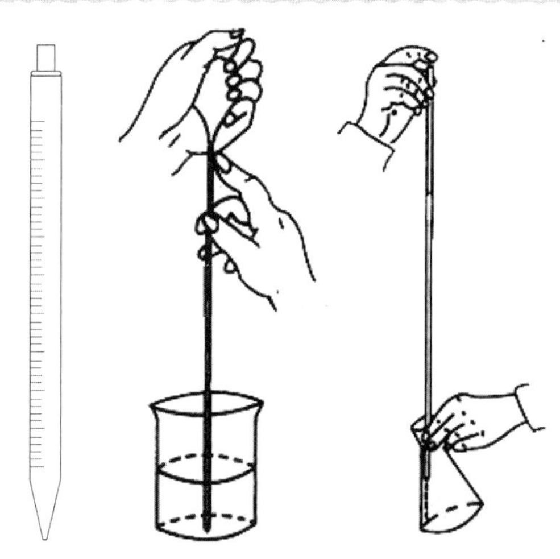

图 1-2 刻度吸管及其使用方法

（1）握法：拇指和中指夹住吸管，示指游离。

（2）取液：左手用洗耳球吸液体至所需刻度以上，眼睛注视着液面上升；吸完后用示指堵住上段管口。

（3）刻度吸管自然下垂，下口与试剂瓶接触并成一定角度；用示指控制液体下降至所需刻度处，双眼平视，液体凹面、刻度和视线应在同一水平面上。

（4）刻度吸管移入准备接收溶液的容器中，使其出口尖端接触器壁，并成一定角度。刻度吸管仍保持竖直，放开示指，使液体自动流出。最终尖端剩余液体不用吹出（注：部分刻度吸管注明“吹”的需要将剩余液体吹排）。

（5）清洗刻度吸管。

（二）微量移液器

微量移液器常用于实验室少量或微量液体的移取，规格不同的移液器配套使用不同大小的移液吸头。吸取不同液体时，需要更换吸头（图 1-3）。

1. 准备 选取与量取液体体积最接近的微量移液器，调节至所需体积值，套上吸头并旋紧。

2. 吸液 垂直持握微量移液器并用拇指按压至第一档，然后将吸头伸入溶液中，轻轻松开拇指使其复原档位。再将移液器移出液面。

3. 放液 将拇指按压至第一档后，继续按至第二档以排空吸头内的液体。

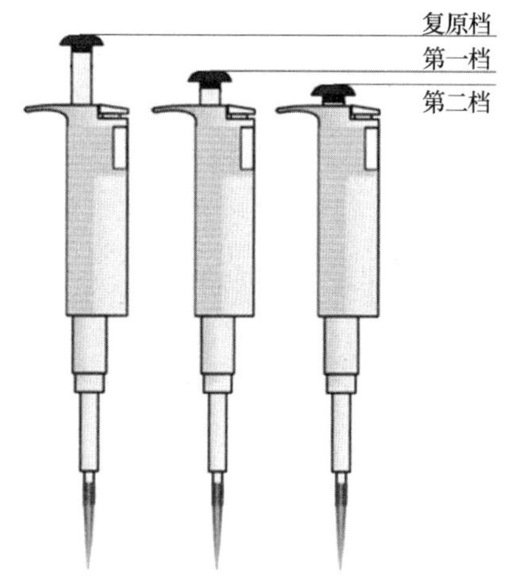

图 1-3 微量移液器

四、混　　匀

样品和试剂的混匀是保证化学反应充分进行的一种有效措施。为使反应体系内各物质迅速充分接触，常借助于外力的机械作用。混匀方式大致有以下几种。

1. 旋转法 右手持容器上端，利用手腕的旋转，使溶液做离心旋转，适用于未盛满液体的小口器皿，如锥形瓶。

2. 弹指法 左手持试管上端，试管与地面垂直。右手轻弹试管的下部，使管内液体呈漩涡状转动。

3. 吸量管混匀 用吸量管将溶液反复吸吹数次，使溶液混匀。

4. 玻璃棒搅动法　使用玻璃棒搅匀，多用于溶解烧杯中的固体。

5. 电磁搅拌法　使用磁力搅拌器混匀，利用磁场变换带动容器内转子旋转而使溶液呈漩涡状转动。

6. 振荡器法　将容器置于振荡器的振动盘上，逐渐用力下压，使容器内液体转动混匀。混匀时谨防容器内液体溅出；严禁用手堵塞管口，以免造成污染。

五、滴　定

滴定管是滴定时可以准确测量滴定剂消耗体积的玻璃仪器，它是一根具有精密刻度，内径均匀的细长玻璃管，可根据需要连续地放出不同体积的液体，并能够准确读出液体体积。

滴定管分为具塞和无塞两种，也就是习惯上所说的酸式滴定管和碱式滴定管（图 1-4）。酸式滴定管又称具塞滴定管，其下端有玻璃旋塞开关，可装酸性、中性与氧化性溶液，不能装碱性溶液如 NaOH 溶液等。碱式滴定管又称无塞滴定管，其下端有一根橡皮管，中间有一个玻璃珠，用来控制溶液的流速。碱式滴定管可装碱性溶液与无氧化性溶液。

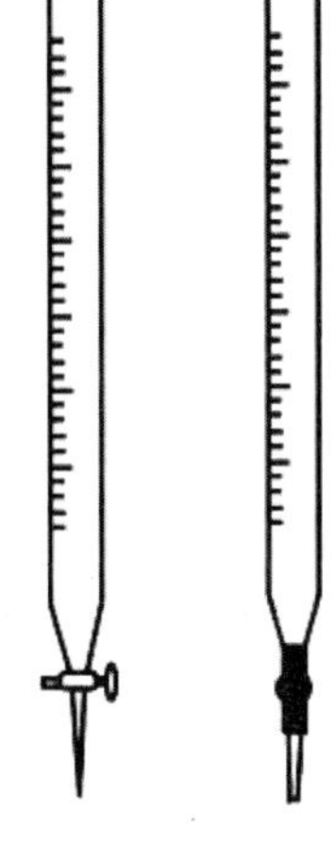
图 1-4　滴定管

1. 洗涤、检漏　先用自来水清洗，后用双蒸水清洗。关紧下端活塞，将滴定管内装双蒸水至最高线，观察 2 min。

2. 润洗、装液　倒去双蒸水，用少量滴定液润洗 3 次，然后加入滴定液。

3. 排气泡　酸式滴定管尖嘴处有气泡时，右手拿滴定管上部无刻度处，左手打开活塞，使溶液迅速流出以冲走气泡；碱式滴定管有气泡时，将橡皮塞向上弯曲，两手指挤压玻璃珠，使溶液从管尖喷出，排出气泡。

4. 调零　调整液面与零刻度线相平，初读数为“0.0 mL”。

5. 滴定操作

（1）酸式滴定管：活塞柄向右，左手从滴定管后向右伸出，拇指在滴定管前，示指及中指在管后，三指平行地轻轻拿住活塞柄。注意：不要向外用力，以免推出活塞。

（2）碱式滴定管：左手拇指在前，示指在后，捏住橡皮管中玻璃珠的上方，使其与玻璃珠之间形成一条缝隙，溶液即可流出。注意：不要捏玻璃珠下方的橡皮管，也不可使玻璃珠上下移动，否则空气进入会形成气泡。

在锥形瓶中进行滴定，用右手的拇指、示指和中指拿住锥形瓶，其余两指在下侧辅助，使瓶底离滴定台高 2～3 cm，滴定管下端伸入瓶口内约 1 cm。左手控制滴定速度，边滴加溶液，边用右手摇动锥形瓶，边滴边摇，左右手配合协调。

6. 读数　视线与凹液面最低处保持水平，读取数值。

六、离　心

离心技术（centrifugal technique）起源于 19 世纪，最初是通过手摇提供动力，用于分离和纯化蜂蜜、牛奶等，自 1912 年开始使用电机驱动，在医学、生物学、制药工业等领域获得广泛应用。

离心技术是根据颗粒在做匀速圆周运动时受到一个离心力的作用而发展起来的一种分离技术。这项技术应用很广，如分离产生分层或沉淀物如天然生物大分子、无机物、有机物等，在生物化学及其他生物学领域常用来收集细胞、细胞器及生物大分子物质。

（一）基本原理

1. 离心力（centrifugal force，Fc）　离心作用是指在一定角速度下做圆周运动的任何物体都受到一个指向圆心外的离心力。Fc 的大小等于离心加速度 $\omega^2 r$ 与颗粒质量 m 的乘积，即

$$Fc = m\omega^2 r \quad (1.1)$$

式中，m 为质量，以 g 为单位；ω 为旋转角速度，以 rad/s 为单位；r 为颗粒离旋转中心的距离，以 cm 为单位。

2. 相对离心力（relative centrifugal force，RCF） 即离心力的大小相当于地球引力的多少倍。由于各种离心机转子的半径或者离心管至旋转轴中心的距离不同，离心力也不同，因此在文献中常用“相对离心力”或“数字×g”表示离心力，只要 RCF 值不变，一个样品可以在不同的离心机上获得相同的结果。

RCF 就是实际离心场转化为重力加速度的倍数。

$$RCF = F_{离心力}/F_{重力} = r \cdot n^2 \cdot 1.119\times10^{-5} \quad (1.2)$$

式中，r 为离心转子的半径距离；n 为转子每分钟的转数（r/min）；地球重力加速度为 980 cm/s^2。

3. 沉降系数（sedimentation coefficient） 是指颗粒在单位离心场中粒子移动的速度。沉降系数与样品颗粒的质量和密度成正比，它以 Svedberg 为单位计算，简写为 S，1 S=10^{-13} s。

近年来，在生物医学学科的书刊文献中，对于某些大分子物质或亚细胞器，当它们的详细结构和分子量不是很清楚时，常常用沉降系数这个概念去描述它们的大小。例如，核糖体 RNA 有 50S 亚基、30S 亚基，此处的 S 就是沉降系数。

4. 沉降速度（sedimentation velocity） 是指在强大离心力作用下，单位时间内物质运动的距离。粒子的沉降速度与粒子直径的平方、粒子的密度和介质密度之差成正比；离心力场增大，粒子的沉降速度也增加。

（二）常见分类

1. 离心机分类 依据不同的分类法，实验室常用离心机可分为多种，它们是生物化学与分子生物学实验室用来制备生物大分子必不可少的重要工具。

（1）根据用途不同，可分为制备性离心机和分析性离心机。前者主要用于分离各种样品材料；后者一般都带有光学系统，主要用于研究较纯的生物大分子和颗粒的理化性质，依据待测物在离心场中的行为，可推断出物质的纯度、形状和分子量等。

（2）根据温度控制不同，可分为冷冻离心机和普通离心机。冷冻离心机带有制冷系统，能够控制温度最低至−20 ℃；普通离心机不带制冷系统。

（3）根据转速不同，可分为低速离心机、高速离心机和超速离心机。转速小于等于 6000 r/min 的为低速离心机；大于 6000 r/min 低于 25 000 r/min 的为高速离心机，通常为了防止高速离心过程中温度升高而使酶等生物分子变性失活，有些高速离心机安装了制冷系统，称高速冷冻离心机；超过 30 000 r/min 的为超速离心机，为了防止样品液溅出，一般附有离心管帽，为防止温度升高均有制冷系统和温控系统，为减少空气阻力和摩擦，均设有真空系统。

2. 转子分类 根据转子类型不同，可分为角式转子、水平转子和垂直转子。

（1）角式转子：是指离心管腔与转轴成一定倾角的转子，多由一块完整的金属制成，其上有偶数个装离心管用的机制孔穴，即离心管腔，孔穴的中心轴与旋转轴之间的角度为 14°～40°，角度越大沉降越结实，分离效果越好。这种转子的优点是具有较大的容量，且重心低，运转平衡，寿命较长。在离心过程中撞到离心管壁的粒子沿着管壁滑到管底形成沉淀，此现象称为“管壁效应”，此效应使最后在管底聚成的沉淀较紧密（图 1-5）。

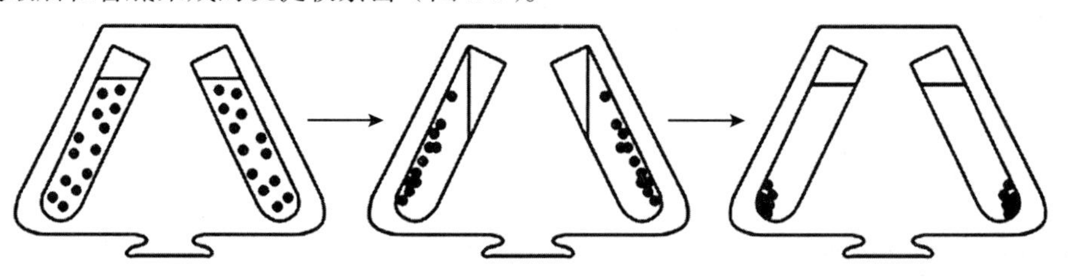

图 1-5　角式转子离心机示意图

（2）水平转子：这类转子由悬挂的4个或6个自由活动的吊桶（离心套管）构成。当转子静止时，吊桶竖直悬挂；当转子旋转加速时，吊桶逐渐过渡到水平位置，即与旋转轴成90°。此类转子对于多种成分的样品分离特别有效，常用于速率区带离心和等密度离心。其优点是梯度物在离心管中分离时，样品带垂直于离心管纵轴，不像角式转子中样品的沉淀物界面与离心管成一定角度，因而有利于离心结束后管内各分层物的取出。其缺点是颗粒沉降距离长，离心所需时间也长（图1-6）。

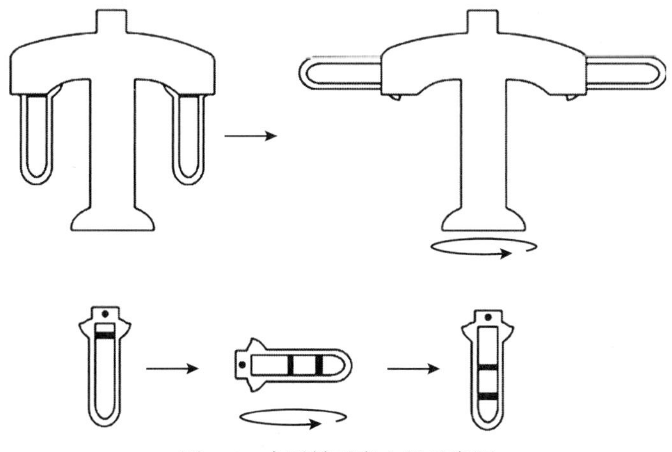

图1-6　水平转子离心机示意图

（3）垂直转子：其离心管垂直放置，样品颗粒的沉降距离短，离心时间也短，适用于密度梯度区带离心。离心结束后液面和样品区带需作90°转向，因而降速要慢（图1-7）。

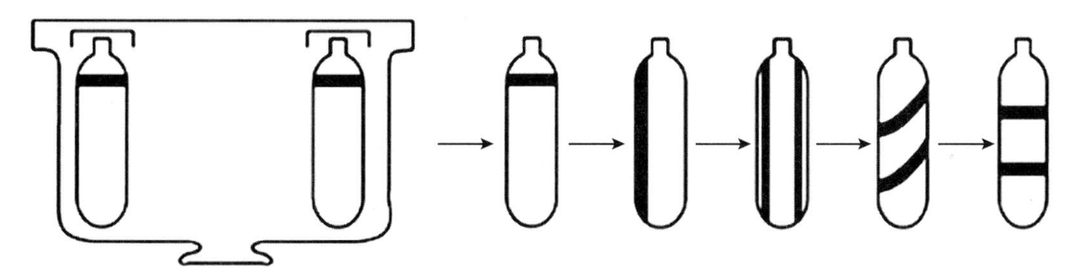

图1-7　垂直转子离心机示意图

3. 离心管分类　离心管的种类很多，按大小不同可以分为大容量离心管（250 mL、500 mL）、普通离心管（15 mL、50 mL）和微量离心管（0.2 mL、0.5 mL、1.5 mL、2 mL）。根据材料的区别又可分为玻璃离心管、塑料离心管和钢制离心管，分别应用于不同情况。

（1）玻璃离心管：优点是透明度好，不易变形，抗冻、抗热、抗腐蚀；但强度不大，易破损，故使用时离心力不宜过大，同时需要垫防震橡胶等。此外，玻璃离心管一般无盖子，在使用时样品液不能加满，以防外溢，污染仪器而影响实验。

（2）塑料离心管：常用材料有聚乙烯（PE）、聚碳酸酯（PC）和聚丙烯（PP）等，其中PP管性能最好。塑料离心管的优点是透明或半透明，硬度小，可用穿刺法取出各分层物。缺点是易变形，抗有机溶剂腐蚀性差，使用寿命短。

塑料离心管都有管盖，离心前管盖必须盖严，倒置不漏液。管盖的作用是防止样品外泄，对于有放射性和强腐蚀性的样品尤为重要；此外还能防止样品挥发和支持离心管，防止离心管在离心时的真空或低压等环境下变形。

（3）钢制离心管：此类离心管多由不锈钢制成，具有强度大、不变形、抗冻和抗热等优点。但也应避免接触强腐蚀性的化学物质，如强酸、强碱等。

4. 离心方法分类 根据离心原理和不同实验的需要，目前的各种离心方法大致可以分为以下三类。

（1）平衡离心法：是根据粒子大小、形状不同进行分离的，包括差速离心法（differential velocity centrifugation）和速率区带离心法（rate-zonal centrifugation）。

1）差速离心法：利用不同粒子在离心力场中沉降的差别，在同一离心条件下，沉降速度不同，通过不断增加相对离心力，使一非均匀混合液内的大小、形状不同的粒子分步沉淀。操作过程一般是用离心后倾倒的办法把上清液与沉淀分开，然后将上清液加高转速离心，分离出第二部分沉淀，如此往复加高转速，逐级分离出所需要的物质。差速离心的分辨率不高，沉淀系数在同一个数量级内的各种粒子不容易分开，常用于其他分离手段之前的粗制品提取。

2）速率区带离心法：离心前在离心管内先装入密度梯度介质（如蔗糖、甘油、KBr、CsCl 等），待分离的样品铺在梯度液的顶部、离心管底部或梯度层中间，同梯度液一起离心。离心后在近旋转轴处的介质密度最小，离旋转轴最远处介质的密度最大，但最大介质密度必须小于样品中粒子的最小密度。这种方法是根据分离的粒子在梯度液中沉降速度的不同，使具有不同沉降速度的粒子处于不同的密度梯度层内分成一系列区带，达到彼此分离的目的。此离心法的离心时间要严格控制，既要有足够的时间使各种粒子在介质梯度中形成区带，又要将时间控制在任意一个粒子达到沉淀前。如果离心时间过长，所有的样品会全部到达离心管底部而无法分离；如果离心时间不足，可能造成样品还没有开始分离。此法是一种不完全的沉降，沉降受物质本身大小的影响较大，因此一般应用于物质大小相异而密度相同的情况。

（2）等密度离心法（isodensity centrifugation）：又称等比重离心法，根据粒子密度差进行分离，等密度离心法和上述速率区带离心法合称为密度梯度离心法。

等密度离心法是在离心前预先配制介质的密度梯度液，此密度梯度液包含了被分离样品中所有粒子的密度，待分离的样品铺在梯度液上方或和梯度液预先混合，离心开始后，当梯度液由于离心力的作用逐渐形成管底浓而管顶稀的密度梯度，与此同时原来分布均匀的粒子也发生重新分布。当管底介质的密度大于粒子的密度，粒子上浮；在管顶处粒子密度大于介质密度时，粒子沉降，最后粒子进入一个本身的密度位置即粒子密度等于介质密度处，此时 dr/dt 为零，粒子不再移动，粒子形成纯组分的区带，与样品粒子的密度有关，而与粒子的大小和其他参数无关，因此只要转速、温度不变，则延长离心时间也不能改变这些粒子的成带位置。

一般在物质的大小相近而密度差异较大时应用此法，常用梯度液是 CsCl，其他梯度材料还有蔗糖、聚蔗糖、卤化盐类和 Percoll 分层液等。

（3）经典式沉降平衡离心法：多用于对生物大分子分子量的测定、纯度估计、构象变化。

七、pH 的测定

pH 又称氢离子浓度（hydrogen ion concentration），是指溶液中氢离子的总数和总物质的量的比。它是表示溶液酸碱度的数值，$pH=-lg[H^+]$，即 pH 等于所含氢离子浓度的常用对数的负值。pH 的测定方法有很多种，定性方法可通过使用 pH 指示剂、pH 试纸测定，而定量的 pH 需要采用 pH 计进行测定。

1. pH 指示剂 在待测溶液中加入 pH 指示剂，不同的指示剂在不同的 pH 范围内会发生颜色变化，根据指示剂的变化就可以确定 pH 的范围（表 1-1）。

表 1-1 不同指示剂的变色范围

名称	pH 范围	酸色	中性色	碱色
甲基橙	3.1～4.4	红	橙	黄
甲基红	4.4～6.2	红	橙	黄
溴百里酚蓝	6.0～7.6	黄	绿	蓝
酚酞	8.2～10.0	无色	浅红	红
紫色石蕊	5.0～8.0	红	紫	蓝

2. pH 试纸 有广泛试纸和精密试纸，用玻璃棒蘸一点待测溶液放到试纸上，然后根据试纸的颜色变化对照标准比色卡就可以得到溶液的 pH。pH 试纸不能够显示出油分的 pH，因为 pH 试纸是以氢离子来量度待测溶液 pH 的，但油中没有氢离子，因此 pH 试纸不能够显示出油分的 pH。

3. pH 计 是一种测定溶液 pH 的仪器，它通过 pH 选择电极（如玻璃电极）来测定溶液的 pH。pH 计可以精确到小数点后两位。

pH 计使用注意事项：温度变化影响氢离子解离的程度较大，需控制样品温度于（25±1）℃；正确使用标准缓冲液对仪器进行校准；pH 计电极在使用前后需用双蒸水充分洗涤，用完保存于饱和 KCl 溶液中。

八、透 析

（一）概述

透析技术产生于 1861 年，由 Thomas Graham 首先提出，至今已成为生物化学实验室最常用的实验技术之一，常用于去除蛋白质或核酸样品中的盐、变性剂、还原剂及一些生物小分子物质等，也可用于浓缩样品。医疗上用到的血液透析、腹膜透析和结肠透析均是应用了透析的原理。

（二）实验原理

透析技术是利用半透膜的选择性在溶液里分离大分子和小分子物质的一种分离技术。透析使用的半透膜可以看作是有很多小孔的薄膜，对不同粒子的通过具有选择性。在生物大分子样品的透析过程中，半透膜允许分子量足够小的分子物质，如水、盐离子和其他一些小分子物质能够从膜的一侧向另一侧转移，而大分子物质，如蛋白质、核酸或多糖等，由于分子直径大于孔的直径则不能通过半透膜。

半透膜两侧的浓度梯度形成的扩散压是透析的动力，溶质从高浓度向低浓度扩散。在实际操作过程中，通常将半透膜制成袋状，将生物大分子样品置于袋内，浸入水或特定的缓冲液内。样品中的生物大分子被保留在袋内，而盐及其他小分子物质通过半透膜扩散到袋外，直到内外两边的浓度达到平衡为止。

（三）透析操作与注意事项

1. 透析袋（半透膜）的前处理 戴手套将透析袋剪成合适的大小，在双蒸水中浸泡 15 min；浸入 10 mmol/L 碳酸氢钠中，边搅拌边加热至 80℃，保持 30 min；换到 10 mmol/L 乙二胺四乙酸（EDTA）中浸泡 30 min；用 80 ℃双蒸水洗 30 min。透析袋如不马上使用，可用 0.05%的叠氮钠溶液或 0.1%的苯甲酸钠溶液浸泡，4 ℃冰箱保存，使用前用双蒸水冲洗干净。

2. 透析 将样品溶液装入透析袋中，扎紧透析袋上口，放入透析液中进行透析，并不断搅拌。若要加快透析速度，可多次更换透析液，并用磁力搅拌器持续搅拌。透析袋使用前要试装双蒸水，检查是否漏液。透析袋通常要留 1/3～1/2 的空间，防止透析过程中，样品中小分子物质浓度较大时，袋外的水和缓冲液大量进入袋内而将透析袋胀破。一般透析至少要 3 h，其间至少要换透析液两次（100～1000 倍样品体积），透析才能完全。

九、布 氏 抽 滤

布氏抽滤的原理是利用真空泵或抽气泵将吸滤瓶中的空气抽走，从而产生负压使过滤速度加快，主要由布氏漏斗、抽滤瓶、胶管、抽气泵、安全瓶和滤纸等组成（图 1-8）。

（1）安装仪器，漏斗管下端的斜面朝向抽气嘴。但不可靠得太近，以免使滤液从抽气嘴抽走。检查布式漏斗与抽滤瓶之间连接是否紧密，抽气泵连接口是否漏气。

（2）修剪滤纸，使其略小于布式漏斗，但要把所有的孔都覆盖住，并滴加双蒸水使滤纸与漏斗紧密连接。

（3）用玻璃棒引流，将固液混合物转移到滤纸上。

（4）打开抽气泵开关，开始抽滤。

（5）若固体需要洗涤时，可将少量溶剂洒到固体上，静置片刻，再将其抽干。

（6）过滤完之后，先拔掉抽滤瓶接管，后关抽气泵。

（7）从漏斗中取出固体时，应将漏斗从抽滤瓶上取下，左手握漏斗管，倒转，用右手拍击左手，使固体连同滤纸一起落入洁净的纸片或表面皿上。揭去滤纸，再对固体做干燥处理。

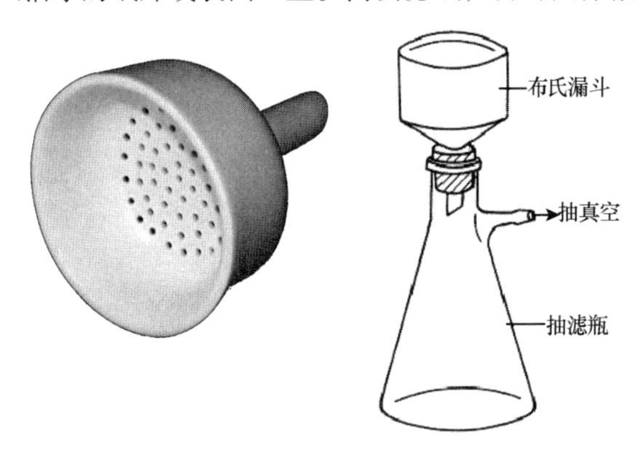

图 1-8　布氏漏斗及其使用示意图

布氏漏斗使用的注意事项如下所述。

（1）溶液应从抽滤瓶上口倒出。

（2）停止抽滤时先旋开安全瓶上的旋塞恢复常压，然后关闭抽气泵。

（3）当过滤的溶液具有强酸性、强碱性或强氧化性时，要用玻璃纤维代替滤纸或用玻璃砂漏斗代替布氏漏斗。

（4）不宜过滤胶状沉淀或颗粒太小的沉淀。

（陈文虎　刘小香）

第三节　生物样品制备（常用实验样本的准备）

一、血液样品的收集

血液样品包括全血、血清、血浆和红细胞。经过抗凝后分离出的上层黄色液体称为血浆，不经抗凝分离出的上层黄色液体称为血清。常用的血液标本可来自静脉、动脉或毛细血管。静脉血是最常用的血液标本，动脉血多用于血气分析，毛细血管血主要用于儿童血液分析。

（一）静脉采血法

1. 采血步骤

（1）采血前按照试验项目要求，准备好相应的容器，如试管或抗凝管等。核对患者姓名、编号及检验项目等。采血部位多为肘静脉。肘静脉不明显时，可采用手背静脉、腘静脉或外踝静脉。

（2）采血后取下针头，将血液沿管壁缓慢注入适当的容器，并防止产生泡沫。待血液自行凝固收缩后即可分离出淡黄色透明血清，如果需要全血或血浆，则将血液注入事先准备的抗凝管中，轻轻混匀，防止凝固，即为抗凝全血；经离心后可分离出淡黄色血浆。

2. 注意事项

（1）防止溶血：造成溶血的原因有注射器或容器不干燥、不清洁；淤血时间过长；穿刺不顺利，组织损伤过多；抽血速度太快；血液注入容器时未拔下针头；振荡过于剧烈等。

（2）避免充血或血液凝固：采血时动作应迅速，尽可能缩短止血带使用的时间。用止血带的时间不宜超过 30 s，否则将使生化检验的结果升高或降低。

（3）不要采用输液患者的同侧手臂采血，女性患者若做了乳腺切除术，应在手术对侧手臂采血。

（4）采血时只能往外抽，绝不能向静脉里推，以免注入空气造成气栓而导致严重后果。

（二）全血或红细胞的收集

测定全血或红细胞中相关指标时，首先需要收集抗凝全血。

1. 全血收集 收集抗凝全血，轻轻颠倒印管充分抗凝后，可直接定量吸取全血，用冷双蒸水制备溶血液后用于不同指标的检测；也可定量吸取全血，转入 EP 管，低温冻存（温度越低越好），测定之前解冻并按比例加入冷双蒸水制成溶血液用于检测。

2. 红细胞收集 收集抗凝全血，轻轻颠倒印管充分抗凝后，直接离心弃血浆，留下层红细胞，加入 3 倍体积的生理盐水，轻轻颠倒混匀，500～1000 r/min，离心 5 min，弃上清液留沉淀红细胞，重复 2～3 次，至上清液无色为止（洗涤红细胞）。

（1）直接定量吸取红细胞，按比例加入冷双蒸水制成溶血液待测。

（2）定量吸取红细胞，转入 EP 管，立即低温冻存（温度越低越好），测定之前解冻，并按比例加入冷双蒸水制成溶血液用于检测。解冻后部分红细胞会破裂，因此样本冷冻保存之前必须进行定量。

3. 溶血液的制备 定量吸取红细胞或者全血，按比例加入冷双蒸水，充分漩涡混匀制备溶血液。对光观察，溶液澄清透亮，可用显微镜观察红细胞是否破裂，如未破裂可延长混匀时间，稀释成不同浓度用于不同指标的检测。

（三）血浆的收集

应用物理或化学的方法，除去或抑制血液中的某些凝血因子，阻止血液凝固称为抗凝。能够阻止血液凝固的化学试剂称为抗凝剂（anticoagulant）。抗凝剂种类很多，性质各异，因此必须根据检测项目适当选择，选用不当会直接影响分析结果。合适的抗凝剂一般要求溶解快、接近中性，不影响其他测定。

收集抗凝全血，轻轻颠倒充分抗凝后，可直接离心分离血浆待用或保存。实验室常用的抗凝剂有草酸钾、氟化钠、肝素的各种盐、乙二胺四乙酸（ethylenediamine tetraacetic acid，EDTA）及柠檬酸盐。

1. 草酸钾 可与血中钙离子生成草酸钙，从而阻止血液凝固。草酸钾溶解度大，抗凝作用强。草酸钾抗凝剂可改变血液的 pH，所以不能用于酸碱平衡的观察，也不能用于钾、钙的测定。草酸钾抗凝剂对乳酸脱氢酶、酸性磷酸酶、碱性磷酸酶及淀粉酶均有抑制作用，可使其活性降低。

2. 氟化钠 氟离子能结合钙而抗凝，但抗凝效果较弱，数小时后可出现凝血，因此常与草酸钾混合组成抗凝剂。氟离子能抑制糖酵解过程中烯醇化酶的活性，防止糖酵解，因此适用于血糖测定。氟化钠对许多血清酶活性有抑制作用，故不适于酶的测定，如淀粉酶、氨基转移酶、磷酸酶等，对酶法测定胆固醇和脲酶法测定尿素也有干扰。

3. 肝素 是最常用的抗凝剂，一般情况下对相关指标都不会有干扰，同时抗凝比例较大（抗凝剂：全血=1：30），对血液基本没有稀释影响。

肝素是一种含有硫酸基团的黏多糖，带有强大的负电荷，具有加强抗凝血酶Ⅲ、灭活丝氨酸蛋白酶的作用，从而阻止凝血酶的形成，并有阻止血小板聚集等多种抗凝作用。肝素抗凝一般用于生化及血流变的检测，是电解质检测的最佳选择；检验血标本中的钠离子时不能使用肝素钠，以免影响检测结果。也不能用于白细胞计数和分类，因肝素会引起白细胞聚集。

尽管用肝素的三种盐抗凝所得的电解质浓度无显著差别，但肝素锂还是被认为是最好的，这主要是因为人们认为肝素钠可使钠的测定值偏高，肝素铵可使血氨测定值偏高（尿素酶法测定）。

肝素可抑制分子生物学中常用的一些工具酶，如限制性内切酶、*Taq* 酶等，从而影响聚合酶链反应（polymerase chain reaction，PCR）的实验结果。可采用一些方法消除肝素的抑制效应，如利用肝素酶，或在分离白细胞后用缓冲液洗涤白细胞两次以上等。尽管如此，许多实验工作者仍不愿意在进行分子生物学实验时采用肝素作抗凝剂。

4. EDTA　是一种氨基多羧基酸，能有效地螯合血液中的钙离子，阻止和终止内源性或外源性凝血过程，从而防止血液凝固。与其他抗凝剂比较而言，其对血细胞的形态影响较小，故通常使用EDTA 的钾盐或钠盐作为抗凝剂。通常用于一般血液学检查，不能用于血凝试验、微量元素及 PCR 检查。由于 EDTA 会螯合重金属离子，所以用作抗凝剂，会使部分带有金属离子的大分子酶大量损失。

5. 柠檬酸盐　通过与血液中钙离子螯合而抗凝。美国国家临床实验室标准化委员会（NCCLS）推荐其使用浓度为 3.2%或 3.8%，抗凝剂与血的比例为 1∶9，主要用于纤溶系统包括凝血酶原时间、凝血酶时间、活化部分凝血活酶时间、纤维蛋白原的检测。采血时应注意采足血量，以保证检验结果的准确性，采血后应立即轻轻颠倒混匀 5～8 次。

【注意事项】

（1）每一份样本所加的抗凝剂量要一致，同时所取全血的量也要尽量一致。

（2）收集抗凝全血后一定要轻轻颠倒，充分抗凝，防止部分血液未接触抗凝剂而导致凝固。

（3）抗凝全血收集的血浆相对较多（1 mL 抗凝全血能分离出 0.4～0.5 mL 血浆）。

（4）抗凝收集的血浆冷冻保存后，解冻时可能会出现絮状浑浊，如有则需要离心去掉浑浊后再用于测定。

（四）血清的收集

1. 无添加剂的干燥空管收集　该方法利用血液自然凝固的原理使血液凝固，等血清自然析出后，离心使用。血清主要用于肝功能、肾功能、心肌酶、淀粉酶、电解质（血清钾、钠、氯、钙、磷等）、甲状腺功能检测及药物检测，艾滋病检测，肿瘤标志物检测，血清免疫学检测。

也可直接用干燥 EP 管收集全血，静置使得红细胞充分自然凝固后，离心分离出血清待用或保存。

2. 用促凝管收集　采血管内壁均匀涂有防止挂壁的硅油，其中同时添加了促凝剂。促凝剂能激活纤维蛋白酶，使可溶性纤维蛋白变成不可溶性的纤维蛋白聚体，进而形成稳定的纤维蛋白凝块。一般静置 0.5～1 h，直接离心分离出血清待用或保存，常用于急诊生化。

3. 含有分离胶及促凝剂的采血管收集　管壁经过硅化处理，并涂有促凝剂。管内加有分离胶，分离胶与 PET 管具有很好的亲和性，能确实起到隔离作用，一般即使在普通离心机上，分离胶也能将血液中的液体成分（血清）和固体成分（血细胞）彻底分开并积聚在试管中形成屏障。离心后的血清中不产生油滴。

血清、血浆样本收集好后，如暂时不用于测定，可立即低温冻存，温度越低越好，中间如不反复冻融，−20 ℃以下可保存一个月，−70 ℃以下可保存三个月。

分离血清或血浆，根据种属不同，离心转速也有差异，推荐离心转速如下。

（1）小鼠血：一般 1000～1500 r/min，离心 8～10 min。

（2）大鼠、兔血：一般 2000～2500 r/min，离心 8～10 min。

（3）人血：一般 2500～3000 r/min，离心 8～10 min。

（五）影响因素

1. 溶血的影响　导致溶血的原因很多，有血管内溶血（如用止血带时间太长）、抽血速度太快、与抗凝剂混合时摇动太剧烈、容器带水或清洁剂污染、全血放置时间过久、离心力过大等。

溶血对某些检验指标的影响不仅取决于所采用的方法，也取决于所用的分析仪器。采用双波长法可在一定程度上消除血红蛋白（hemoglobin，Hb）的颜色干扰，然而 Hb 的颜色干扰并不能完全消除，尤其是当 Hb 可与采用的试剂发生作用时。总的来说，轻微的溶血对大多数临床化学指标的测定方法无明显干扰。严重的溶血可有以下几方面的影响：①测定成分在红细胞内的浓度高于在血浆中的浓度时，导致测定结果偏高，如钾、镁、乳酸脱氢酶、谷丙转氨酶、醛缩酶等；②干扰比色测定，特别是在波长 300～500 nm 时；③干扰某些化学反应，如胆红素的重氮反应可被血红蛋白抑制，也会干扰胆固醇的酶法分析；④测定成分在红细胞内的浓度低于在血浆中的浓度时，产生轻微的稀释效应。

用肉眼观察标本是否溶血只能是粗略的判断。只有当血清中血红蛋白浓度超过 20 mg/dL 时，肉眼才能观察到溶血情况。有学者报道 0.1%的红细胞发生溶血后，其血清外观与非溶血标本一致；1%红细胞发生溶血后，血清清亮，呈樱红色，这样的标本就代表中度溶血。有人建议用血清 Hb 浓度对溶血程度进行判断。非溶血标本血清游离 Hb 浓度为（4.8±3.2）mg/dL，中度溶血血清 Hb 浓度为（43.5±13.9）mg/dL。某些指标如乳酸脱氢酶、酸性磷酸酶、血钾等，即使轻微的溶血也可导致其相应的检测结果偏高，故应尽量避免使用溶血标本。

2. 脂血的影响　高脂血症所产生的浑浊对某些指标测定的影响同样取决于所采用的测定方法。一般而言，脂血通过样品不均一性、水置换、亲脂成分的吸收而影响检验结果的准确性。肉眼可见的脂血标本可影响总蛋白质的测定、电泳及色谱分析等。

3. 标本的存放温度及时间　血清、血浆及细胞分离的方法步骤也是影响检测结果的重要因素。许多物质在红细胞和血清中的分布不同，所以血液标本采集后若未经分离或放置过久，可发生红细胞和血清之间的相互转移，或红细胞中存在的某些酶分解待测物等影响实际检测结果。例如，钾在红细胞和血清中之比为 20∶1，放置过久，红细胞中的钾向血清转移，引起结果偏高；血清中的葡萄糖可由于红细胞内酵解系统分解而降低；血清无机磷可由于红细胞内有机磷酸酯的水解而增加。因此，血液标本采集后，应及时分离血清（血浆），最迟不超过 2 h。血标本分离前应置于室温或 37 ℃水浴锅内，不能直接放入 4 ℃冰箱，以免发生溶血。

4. 采血前个体的准备情况　如空腹时间的长短、采样时间的确定及采血时患者的姿势，止血带应用时间、输液情况、运动、抗凝剂及稳定剂的选用，以及标本的处理等均可影响某些检测指标的水平。故标本采集过程应标准化，以最大限度地减少分析前误差。

二、尿液样本

（一）尿液样本收集的注意事项

为保证尿液检查结果的准确性，正确留取尿液样本，需注意以下几点。

（1）收集容器要求清洁、干燥、一次性使用，有较大开口，便于收集。

（2）尿液标本应防止混入月经血、阴道分泌物、精液、前列腺液、粪便等异物。

（3）无干扰化学物质（如表面活性剂、消毒剂）混入。

（4）收集容器上有明显标识，如患者姓名、病历号、收集日期等。

（5）收集足够尿液，最少 12 mL，最好超过 50 mL，如收集定时尿，容器应足够大并加盖，必要时加防腐剂。

（6）如尿液需培养，应在无菌条件下进行，并用无菌容器收集中段尿液。

（7）尿液标本收集后应及时送检并检查，以免发生细菌繁殖、蛋白质变性、细胞溶解等。

（8）尿液标本也应避免强光照射，以免尿胆原等物质因光照分解或氧化。

（二）尿液样本的种类

根据检查目的，常可采用下列尿液样本的收集方法。

1. 晨尿 即清晨起床后的第一次尿液标本，为较浓缩和酸化的标本，血细胞、上皮细胞及管型等有形成分相对集中且保存得较好，也便于对比，适用于可疑或已知泌尿系统疾病的动态观察及早期妊娠试验等。但由于晨尿在膀胱内停留时间过长易发生变化。因此，有人推荐用清晨第二次尿液取代晨尿进行标本检查。

2. 随机尿（随意一次尿） 即留取任何时间的尿液，适用于门诊、急诊患者。本法方便，但易受饮食、运动、用药等影响，导致病理临界浓度的物质和有形成分漏检，也可能出现饮食性糖尿或药物（如维生素 C）等的干扰。

3. 餐后尿 通常于午餐后 2h 收集患者尿液，此标本对病理性糖尿和蛋白质的检出更为敏感。此外，由于餐后肝脏代谢旺盛，促进尿胆原的肠肝循环，而餐后机体出现的碱潮状态也有利于尿胆原的排出，因此餐后尿适用于尿糖、尿蛋白、尿胆原等检查。

4. 3 小时尿 收集上午 3 小时尿液，用于尿液有形成分，如白细胞排出率等的测定。

5. 12 小时尿 指晚上 8 时排空膀胱并弃去此次的尿液后，至次日早晨 8 时留取的夜尿作为 12 小时尿，用于尿液有形成分计数，如 Addis 计数。

6. 24 小时尿 由于尿液中的一些溶质如肌酐、蛋白质、糖类、尿素、电解质及激素等在一天中的不同时间排泄浓度不同，为准确定量这些溶质，必须收集 24 小时尿液。收集方法：嘱患者早晨 8 时排尿并弃去，以后每次排尿都收集在一大容器内，次日早晨 8 时尿（最后一次）也收集于容器内，测量并记录其总量，然后混匀尿液，取适量尿液送检。

7. 其他 包括中段尿、导尿、耻骨上膀胱穿刺尿等。后两种方法尽量不用，以免发生继发感染。

（三）尿液样本的保存

尿液容易生长细菌，从而影响检测结果，在炎热季节时尤为明显。因此，尿液排出后应立即送检，如不能及时检验或需留取大量标本时（如 24 小时尿），应采用下列方式进行保存。

1. 冷藏于 4 ℃冰箱 尿液于 4 ℃冷藏可防止一般细菌生长并可维持较恒定的弱酸性。但有些标本冷藏后，会产生磷酸盐与尿酸盐的析出与沉淀，妨碍有形成分的观察。

2. 加入化学防腐剂 大多数防腐剂的作用是使尿液保持酸性，阻止细菌繁殖，防腐剂有多种，应根据检测项目选择适当的防腐剂。常用的有以下几种。

（1）福尔马林（甲醛 400 g/L）：每升尿中加入 5 mL，用于管型尿、细胞防腐，但注意甲醛过量时可与尿素产生沉淀物，干扰显微镜检查。

（2）甲苯（或二甲苯）：甲苯可在尿液表面形成薄膜，防止细菌繁殖，但不能消除已经存在于尿液中的细菌，其防腐能力不强。检测时吸取混匀后的下层尿液，甲苯用量为 0.5～1 mL/100 mL 尿。此防腐剂对尿液生化检测较适宜，如尿糖、尿蛋白、尿钾和尿钠等的测定。

（3）浓盐酸：盐酸可使尿液保持高度酸性，防止细菌繁殖，同时防止一些化学物质因尿液碱化而分解。用量为 1 mL/100 mL 尿，常用于尿 17-羟皮质类固醇、17-酮类固醇、肾上腺素、去甲肾上腺素、儿茶酚胺、3-甲氧基-4-羟基苦杏仁酸及钙等测定。由于会出现尿酸盐沉淀，因此其不适用于尿酸测定。

（4）麝香草酚：每升尿中用量小于 1 g 时既能抑制细菌生长，又能较好地保存尿中有形成分，可用于化学成分检查及防腐，但如过量可使尿蛋白定性试验加热乙酸法出现假阳性，还可干扰尿胆色素的检查。

由于麝香草酚溶解度低，有人主张用 10%的麝香草酚异丙醇溶液，使用量为 24 小时尿中加 5 mL，适用于一般化学成分测定，如钾、钠、钙、氨基酸、糖类、尿胆原、胆红素等检测。因其可引起蛋白质假阳性，故不适用于尿蛋白测定。

（四）尿液样本检查后处理

尿液样本中可能含细菌、病毒等感染物，因此必须加入过氧乙酸或漂白粉消毒处理后再排放入下水道内。所用容器及试管需经 75% 乙醇溶液浸泡或 30～50 g/L 漂白粉液处理，也可用 10 g/L 次氯酸钠溶液浸泡 2 h 或用 5 g/L 过氧乙酸溶液浸泡 30～60 min，再用清水冲洗干净。现在多使用一次性尿杯，用后需经高压灭菌再弃去。

三、脏器组织样本的制备

（一）匀浆介质的制备

一般采用 pH 7.4 的 0.01 mol/L Tris-HCl 溶液，1 mmol/L EDTA-Na_2 溶液，0.01 mol/L 蔗糖溶液，0.8% 氯化钠溶液或直接用 0.86% 的生理盐水作为匀浆介质。

（二）组织匀浆的制备

（1）取组织块（0.1～0.2 g，最少可为 2～5 mg）在冰冷的生理盐水中漂洗，除去血液，用滤纸拭干，准确称重，放入 5 mL 的匀浆管中。

（2）于匀浆管中按质量（g）：体积（mL）=1：9 的比例加入 9 倍体积的匀浆介质（pH 7.4，0.01 mol/L Tris-HCl 溶液，1 mmol/L EDTA-Na_2 溶液，0.01 mol/L 蔗糖溶液，0.8% 氯化钠溶液），冰浴条件下，用眼科小剪刀尽快剪碎组织块。

（3）匀浆的方式有多种，可分为手工匀浆、机器匀浆和超声粉碎。

1）手工匀浆：左手持匀浆管将下端插入盛有冰水混合物的器皿中，右手将捣杆垂直插入套管中，上下转动研磨数十次（6～8 min），充分研碎，制成 10%的匀浆液。

2）机器匀浆：用组织捣碎机以 10 000～15 000 r/min 的速度上下研磨制成 10% 的组织匀浆，也可用内切式组织匀浆机制备（匀浆时间 10 秒/次，间隙 30 s，连续 3～5 次，在冰水中进行），皮肤、肌肉组织等可延长匀浆时间。

3）超声粉碎：用超声波粉碎仪进行粉碎，可用 Soniprep-150 型超声波粉碎仪以振幅 14 μm 超声处理 30 s 使细胞破碎，也可用国产超声波粉碎仪，以 400 A，5 秒/次，间隙 10 s，反复 3～5 次。

镜检观察：取少量组织匀浆作涂片（直接涂片、染色均可以），显微镜下观察细胞是否破碎，若没有则可延长匀浆时间。

（4）将制备好的 10%匀浆液用普通离心机或低温低速离心机以 2500 r/min 的速度离心 10～15 min，取上清液进行测定。

（三）组织样本保存

若动物组织样本暂时不测定，可立即低温冻存，温度越低越好，中间如不反复冻融，–20℃以下可保存 3 个月，–70℃以下可保存 6 个月。

制备好的匀浆液建议不要冻存，最好当天进行测定，如放置时间过长相关酶活性会有所下降，部分指标的匀浆液在 4 ℃可存放 3～5 天[如测定超氧化物歧化酶（SOD）可存放 2～3 天，测定丙二醛（MDA）可存放 3～5 天，测定总蛋白质可存放 5～7 天等]。

四、唾液样本的收集与处理

（一）唾液样本的收集

（1）稀释唾液：将痰咳尽，用水漱口（洗涤口腔），再含双蒸水 30 mL，做咀嚼动作，2 min 后吐入烧杯中待用。

（2）将样品收集于离心管后在–70 ℃冰冻 1 h。在冰上融化样品后，4000 r/min 离心 10 min，取上清液检测。

（3）一般饭后 30min 内不宜采集唾液，因为刚进食的唾液中含丰富的唾液淀粉酶。唾液采集最好是空腹采集。

总体来说，唾液样本的收集没有统一的方法，要考虑参与实验人员的年龄及即将进行何种实验。而样品在口腔中的位置和收集时间会对结果有影响。收集过程不同，将难以比对自己的结果与其他实验室的结果，这对于希望能用于临床的生物标记研究来说尤为重要。

不同唾液分析物收集的一个金标准就是被动流口水（passive drool），即实验参与者让口腔中的唾液自然汇集，然后身体前倾，使其流入一个试管中，但是这对于一些患者来说并不容易。

当研究对象是早产儿和新生儿的时候，采集唾液就需要婴儿的一个最常见的动作——吸吮。现在临床研究人员研发了一种 Pedia·SAL^{TM} 新工具，这种设备能与安抚奶嘴连接在一起，帮助收集婴儿唾液。

还有一些工具也能通过吸取唾液进行收集，关键在于找到一个适合目标分子的工具。如果用泡沫或棉花吸收唾液样本，有可能会以我们不知道的方式改变样品的完整性而破坏样本。

（二）唾液样本的处理

（1）处理样本的过程就是收集目标蛋白的过程。由于蛋白质容易变性降解，故该过程应尽量温和。

（2）唾液中含有多种可以快速降解目标物的酶，一些目标分子如皮质醇或褪黑激素在室温下要比其他成分更为稳定。但是，一般情况下最好还是在样品收集后将其立刻放到冰箱中冷冻，同时在冷冻之前也需要进行纯化。纯化方式一定程度上取决于目标分子是在细胞内还是细胞外，这两种情况目前也都有试剂盒可用。例如，细胞外 RNA，研究人员可以离心细胞，分析或者冷冻上清液；如果是研究人类 DNA，那么就可以采用细胞裂解，亲和绑定基因组 DNA，洗脱其他成分。

（3）样本处理后的储存也非常重要，尤其注意不要反复冻融。样本处理后可分装密封保存。4 ℃下保存应小于 1 周，–20 ℃下保存不应超过 1 个月，–80 ℃下保存不应超过 2 个月。在标本使用前应缓慢均衡至室温，不应加热使之融解。

五、储 存 技 术

生物样本的长期储存通常使用尽可能低的温度来降低样本内的生化反应，提高样本内各种成分的稳定性。生物大分子、细胞、组织和器官的常用储存温度有–80 °C（超低温冰箱）、–140 °C（液氮气相或深冷冰箱）及–196 °C（液氮液相），温度越低，样本的稳定保存时间越长。

–60～0 ℃是水的结晶温度，此温度容易对细胞和组织的微观结构造成破坏，一般不使用这一温度来保存组织和细胞。部分经过提纯的生物大分子可以在–60～0 ℃稳定保存一定时间，但在组织样本内生物大分子受到细胞组织内多种因素的影响时，稳定性有可能明显降低，所以通常样本库不使用–60～0 °C 作为储存温度。

1. –80 ℃样本储存 –80 ℃低于危害性较大的水的结晶温度范围，也是常用设备超低温冰箱能达到的温度。基于操作简便性、储存量和成本等因素，这一温度也是目前保存样本中生物大分子活性的常用温度，但对不同的生物大分子活性这一温度下能保持多久仍无定论。组织中 DNA 的稳定性在–80°C 下可以保持数年或更长时间。但 RNA 则容易被广泛分布于细胞和各种组织里的 RNA 酶逐渐降解，在不同的细胞和组织中，RNA 稳定储存的时间长短也有较大的区别，但一般不超过 5 年。在一些敏感实验内，RNA 在–80 ℃下不到 1 年就发生降解，所以为长期保存 RNA 活性，建议使用更低的温度，或者利用小部分样本提取 RNA，与剩余样本同步储存。

其他样本内的蛋白质和脂类等生物大分子在–80 ℃下也能保存，但时间长短不一，稳定性逐渐衰减。如果为保护样本里已知的特定生物大分子，也可加入该分子的稳定剂。如果样本中要保存的生物大分子未定，建议使用更低的温度储存。

另外，目前常见的大型自动化样本存取设备只能和–80 °C 超低温设备配套使用，尚不能够和液氮设备配套使用。例如，把一部分样本的拷贝（分子量约 950 万）储存在-80 ℃作工作样本，使用自动化设备储存；另一部分拷贝（分子量约 550 万）在另外一个地方储存在液氮气相中作安全备份，样本手动存取。

2. -140 ℃样本储存　-140 °C 是低于水的玻璃化温度（约-136 °C），也是液氮气相和深冷冰箱能够达到的温度，样本在这一温度范围内其生物学活动极大地降低，是保证样本中细胞活性的理想温度。和冰水混合物能维持在 0 ℃的相变温度类似，绝缘的液氮容器内液相和气相氮应该维持在相变温度-196 ℃。但实际上由于液氮容器盖子密封性不够，从而在液氮液面和液氮容器罐口之间形成一个温度梯度。

美国国家癌症研究所建议液氮容器口处的温度应保持在-140 ℃以下，未来用途未确定的样本应以液氮气相模式储存，以保护组织内细胞活性。

深冷冰箱是电制冷，无需液氮，装满样品后的稳定温度通常在-140 ℃以下，和使用液氮气相相比，其优势在于不需频繁添加液氮，维护方便。但电制冷的降温速度低于液氮，一旦开启容器，取放样品时容易造成较大范围的温度波动，温度恢复时间也相对较长，因而更适合较少开启取放样品的情况。另外，电制冷冰箱必须保障供电。在断电情况下推荐使用液氮设备以提供备份储存。

3. -196 ℃样本储存　-196 ℃是液氮挥发的温度，因而只有液氮液相保存技术能达到此温度。样本内的生命活动在此温度下基本停止，样本的稳定性可以得到长期的保存。这是长期保存样本内细胞活性、组织器官复杂结构及活性的最有效方法，已得到广泛认可。与其他不同温度冷冻模式相比，液氮容器液相储存样品需要进一步防护样品间交叉污染。

美国国家癌症研究所推荐使用带螺旋的冻存管封装样本。但样品从超低温冰箱（-80 ℃）转移到液氮中时骤然降温会引起冻存管帽和管身收缩不一致，容易导致液氮渗入冻存管，从而增加样品间交叉污染的风险。解决的办法之一是使用专门的冻存管套对每个冻存管进行热缩密封，或是使用密封膜在冻存管帽与管身接口处缠 2～3 圈再储存。第一种方法会使管身加长，因而需要较高的冻存盒；第二种办法会使管身略变粗，推荐使用底部间隔为 210cm×10cm 规格的常规冻存盒。

【思考题】

（1）血浆和血清的区别是什么？

（2）为什么许多生化检测项目需要防止溶血？造成溶血的原因有哪些？

（3）常用的防腐剂可用于哪些生化检测项目？

（褚美芬）

第二章

基础性实验

第一节　基本理论实验

基本理论实验的目标如下所述

（一）学习生物分子提取和分离纯化的方法

从分子组成上看，人体各个组织器官由蛋白质、核酸、糖类、脂类等生物大分子及小分子有机物、无机物和水组成。要研究生物分子的功能及性质，首先要从组织中分离和提取生物大分子物质，如蛋白质、核酸等，并对其进行纯化，以便后续对其进行定性、定量检测和功能分析。本章节的内容是介绍利用生物大分子各自的化学和物理特性，将其从组织中分离提取出来，进而对其进行纯化的方法。例如，如何从牛乳中提取蛋白质，如何从酵母中提取核酸，并进行纯化。

（二）学习生物分子鉴定和定量分析的方法

对上述提取出来的生物分子，可利用其分子组成特点及其理化特性，如特殊基团或溶解性等进一步进行鉴定和定量分析。例如，利用蛋白质分子中某些特殊的氨基酸或特殊的基团进行颜色反应，以鉴定蛋白质；利用核酸水解产物成分的不同，对其进行鉴定。

（三）学习生物分子活性和功能研究的方法

本章节还重点介绍检测生物活性物质的生物活性及其功能，如生物催化剂酶的特异性、影响因素及竞争性抑制作用等的检测。通过这些实验的学习，正确认识酶这种特殊生物活性物质的活性和功能及其研究方法。

（四）培养基本科研素养

本章节基本实验部分对人才培养质量提出了新的更高的要求，旨在培养具有创新意识和创新能力的高质量优秀人才。将科研中一些常用的生物化学和分子生物学方法及技术进行有机的组合，这种方法有很强的应用价值，有助于培养学生的综合应用能力和创新能力。

（郑红花）

实验 1　蛋白质的颜色反应

【实验目的】

（1）掌握蛋白质颜色反应的原理及其实验方法。

（2）熟悉利用蛋白质的颜色反应鉴定蛋白质的方法。

【实验原理】

蛋白质分子中的某种或某些基团与显色剂作用可产生特定的颜色反应。不同蛋白质所含氨基酸不完全相同，颜色反应也不同。颜色反应并不是蛋白质的专一反应，一些非蛋白质物质也可产生相同的颜色反应，因此，不能仅根据颜色反应的结果确定被测物是否是蛋白质。颜色反应是一些常用的蛋白质定量测定的依据。常见的颜色反应有以下几种。

1. 双缩脲反应 将尿素加热到 180 ℃，则两分子尿素缩合成一分子双缩脲，并放出一分子氨。双缩脲在碱性溶液中能与硫酸铜反应产生红紫色络合物，此反应称双缩脲反应。蛋白质分子中含有许多和双缩脲结构相似的肽键，因此也能起双缩脲反应，形成红紫色络合物。通常可用此反应来定性鉴定蛋白质，也可根据反应产生的颜色在 540 nm 处比色，定量测定蛋白质。

2. 黄色反应 是含有芳香族氨基酸特别是含有酪氨酸和色氨酸的蛋白质特有的呈色反应。蛋白质溶液遇硝酸后，先产生白色沉淀，加热则白色沉淀变成黄色，再加碱，颜色变深呈橙黄色，这是因为硝酸将蛋白质分子中的苯环硝化，产生了黄色硝基苯衍生物。例如，皮肤、指甲和毛发等遇浓硝酸会变成黄色。

3. 米伦反应 米伦试剂为硝酸汞、亚硝酸汞、硝酸和亚硝酸的混合物，能与苯酚及某些二羟苯衍生物发生颜色反应。最初产生的有色物质可能为羟苯的亚硝基衍生物，经变位作用变成颜色更深的邻醌肟，最终得到具有稳定红色的产物，此红色产物的结构尚不了解。

组成蛋白质的氨基酸中，只有酪氨酸含有酚羟基，为羟苯衍生物，故酪氨酸及含有酪氨酸的蛋白质都有此反应。蛋白质溶液加入米伦试剂后即产生白色沉淀，加热后沉淀变成红色。

4. 茚三酮反应 蛋白质与茚三酮共热产生蓝紫色的还原茚三酮、茚三酮和氨的缩合物。此反应为一切氨基酸及 α-氨基酸所共有。含有氨基的其他物质也有此反应。亚氨基酸（脯氨酸和羟脯氨酸）与茚三酮反应呈黄色。

5. 乙醛酸反应 在蛋白质溶液中加入乙醛酸，并沿管壁慢慢注入浓硫酸，在两液层之间就会出现紫色环，凡含有吲哚基的化合物都有这一反应。色氨酸及含有色氨酸的蛋白质有此反应，不含色氨酸的白明胶无此反应。

6. 坂口反应 精氨酸分子中含有胍基，能与次氯酸钠（或次溴酸钠）及 α-萘酚在氢氧化钠溶液中产生红色产物。此反应可以用来鉴定含有精氨酸的蛋白质，也可用来定量测定精氨酸含量。

【实验对象】

鸡蛋或鸭蛋。

【实验试剂】

（1）蛋白质溶液：将鸡蛋或鸭蛋蛋清用双蒸水稀释 20～40 倍，用 2～3 层纱布过滤，滤液冷藏备用。

（2）0.5%苯酚溶液：苯酚 0.5 mL，加双蒸水稀释至 100 mL。

（3）1% $CuSO_4$ 溶液：1 g $CuSO_4$ 溶于双蒸水，稀释至 100 mL。

（4）米伦试剂：40 g 汞溶于 60 mL 浓硝酸（相对密度 1.42 g/mL），水浴加温助溶，溶解后加 2 倍体积的双蒸水，混匀，静置澄清，取上清液备用。此试剂可长期保存。

（5）0.1%茚三酮溶液：0.1 g 茚三酮溶于 95%乙醇溶液并稀释至 100 mL。

（6）尿素：研磨成细粉末状。

（7）10% NaOH 溶液：10 g NaOH 溶于双蒸水，稀释至 100 mL。

（8）浓硝酸：相对密度 1.42g/mL。

【实验器材】

试管若干支、纱布、滴管、恒温水浴锅、烧杯。

【实验方法与步骤】

1. 黄色反应 取试管 1 支，加入蛋白质溶液 10 滴及浓硝酸 3～4 滴，加热，冷却后再加 10% NaOH 溶液 5 滴，观察颜色变化。

2. 米伦反应 取 2 支试管，分别加入 1 mL 0.5%苯酚溶液或 2 mL 蛋白质溶液，再向各管加入 0.5 mL 米伦试剂，观察现象。加热，再次观察并记录。

3. 双缩脲反应 取少许尿素粉末放在干燥试管中，微火加热，尿素熔化并形成双缩脲，释出的氨可用红色石蕊试纸测试。至试管内有白色固体出现，停止加热，冷却。然后加入 10% NaOH 溶液 1 mL 摇匀，再加 2 滴 1% $CuSO_4$溶液，混匀，观察有无紫色出现。

另取一试管，加蛋白质溶液 10 滴，再加 10% NaOH 溶液 10 滴及 1% $CuSO_4$溶液 2 滴，混匀，观察是否出现红紫色。

4. 茚三酮反应 取 1 mL 蛋白质溶液置于试管中，加 2 滴茚三酮试剂，加热至沸，即有蓝紫色出现。

【注意事项】

（1）米伦试剂中的汞为剧毒物品，实验室应保持良好通风，操作应在通风橱内进行，并戴防护手套，注意安全。

（2）米伦试剂含有硝酸，如加入量过多，能使蛋白质呈黄色，加入量不超过试液体积的 1/5～1/4。

（3）米伦反应中的溶液如存在大量无机盐，可与汞产生沉淀从而丧失试剂的作用，所以此试剂不能用来测定尿中的蛋白质。

（4）米伦试剂中不能含有 H_2O_2、醇或碱，因它们能使试剂中的汞变成氧化汞沉淀。遇碱必须先中和，但不能用 HCl 中和。

（5）双缩脲反应中硫酸铜不能多加，否则将产生蓝色的 $Cu(OH)_2$。此外，在碱溶液中氨或铵盐与铜盐作用，生成深蓝色的络合离子$[Cu(NH_3)_4]^{2+}$，妨碍反应颜色的观察。

（6）茚三酮反应必须在 pH 5.0～7.0 条件下进行。

（7）试管加热时，试管应保持与水平呈 45°，加热时切不可将试管口对着任何人，要用试管夹夹住试管。

【思考题】

鉴定蛋白质的方法有哪些？其原理是什么？

（郑红花）

实验 2 蛋白质两性解离和等电点的测定

【实验目的】

（1）学习验证蛋白质的两性电离与等电点性质的方法。

（2）学习和掌握蛋白质的两性电离与等电点的概念。

【实验原理】

蛋白质由氨基酸组成。蛋白质分子除两端游离的氨基和羧基可解离外，其侧链上的某些酸性基团或碱性基团在一定的溶液 pH 条件下，都可解离成带负电荷或带正电荷的基团，因此蛋白质具有两性解离性质。当蛋白质溶液处于某一 pH 时，蛋白质解离成阳离子和阴离子的趋势相等，净电荷为零，成为兼性离子，此时溶液的 pH 称为蛋白质的等电点（isoelectric point，pI）。蛋白质在等电点状态时溶解度最低，容易析出沉淀。蛋白质在大于其等电点的 pH 溶液中带负电荷，在小于其等电点的 pH 溶液中则带正电荷。蛋白质在等电点以外的 pH 溶液中，因分子带有同种电荷而相互排斥，不易沉淀。本实验通过观察酪蛋白在不同 pH 溶液中的溶解度来测定其等电点。

$$Pr\begin{matrix}NH_3^+\\COOH\end{matrix} \underset{H^+}{\overset{OH^-}{\rightleftharpoons}} Pr\begin{matrix}NH_3^+\\COO^-\end{matrix} \underset{H^+}{\overset{OH^-}{\rightleftharpoons}} Pr\begin{matrix}NH_2\\COO^-\end{matrix}$$

(pH＜pI)　　(pH=pI)　　(pH＞pI)

蛋白质解离成阳离子　　蛋白质成兼性离子　　蛋白质解离成阴离子

【实验试剂】

（1）5 g/L 酪蛋白乙酸钠溶液的配制。

1）先配制 0.2 mol/L pH 4.7 的乙酸-乙酸钠缓冲液 300 mL。

A 液：0.2 mol/L 乙酸钠溶液，称取 NaAc · $3H_2O$ 5.444 g，定容至 200 mL。

B 液：0.2 mol/L 乙酸溶液，称优级纯乙酸（含量大于 99.8%）2.4 g，定容至 200 mL。

2）取 A 液 177 mL、B 液 123 mL，混合即得 pH 4.7 的乙酸-乙酸钠缓冲液 300 mL。

3）称取 5 mg 酪蛋白，用 0.2 mol/L pH 4.7 的乙酸-乙酸钠缓冲液定容至 100 mL。

（2）0.1 g/L 溴甲酚绿指示剂：称取 10 mg 溴甲酚绿试剂，加双蒸水至 100 mL。

（3）0.2 mol/L HCl 溶液：量取 1.7 mL 的浓盐酸，缓慢加入双蒸水定容至 100 mL。

（4）0.2 mol/L NaOH 溶液：称取 0.8 g NaOH，加双蒸水至 100 mL。

（5）1 mol/L 乙酸溶液：量取 5.75 mL 市售冰醋酸溶液（17.4 mol/L），加双蒸水定容至 100 mL。

（6）0.1 mol/L 乙酸溶液：上述 1 mol/L 乙酸溶液稀释 10 倍即可（量取 1 mol/L 乙酸溶液 10 mL，加双蒸水定容至 100 mL）。

（7）0.01 mol/L 乙酸溶液：上述 0.1 mol/L 乙酸溶液稀释 10 倍即可（量取 0.1 mol/L 乙酸溶液 10 mL，加双蒸水定容至 100 mL）。

【实验器材】

试管（1.5 cm×15 cm）及试管架、滴管、微量加样器、pH 计、100 mL 及 200 mL 容量瓶。

【实验方法与步骤】

1. 蛋白质的两性电离　取试管 1 支，按表 2-1 的步骤加入各种试剂，观察现象变化并记录。

表 2-1　酪蛋白两性解离实验步骤及实验现象记录表

步骤	现象
（1）5 g/L 酪蛋白乙酸钠溶液 1 mL，加入 0.1 g/L 溴甲酚绿指示剂 6～7 滴，混匀后，观察并记录溶液的颜色	
（2）用细滴管缓慢滴加 0.2 mol/L HCl 溶液，边滴边摇，直至产生明显的大量沉淀，观察并记录沉淀与溶液颜色的变化	
（3）继续滴入 0.2 mol/L HCl 溶液，观察并记录沉淀与溶液颜色的变化	
（4）再滴入 0.2 mol/L NaOH 溶液进行中和，边滴边摇，使之再度产生明显的大量沉淀，继续滴加 0.2 mol/L NaOH 溶液，沉淀又溶解，观察并记录溶液颜色的变化	

2. 酪蛋白等电点的测定　取试管 5 支，编号后按表 2-2 的顺序准确地加入各种试剂并混匀。室温下静置 20 min 后观察各管沉淀出现情况，并以“–、+、++、+++、++++”符号记录沉淀的多少。

表 2-2　酪蛋白等电点测定实验试剂配制及实验现象记录表　（单位：mL）

试剂	试管号				
	1	2	3	4	5
双蒸水	2.4	—	3.0	1.5	3.38
1.00 mol/L 乙酸溶液	1.6	—	—	—	—
0.10 mol/L 乙酸溶液	—	4.0	1.0	—	—

续表

	试管号				
	1	2	3	4	5
0.01 mol/L 乙酸溶液	—	—	—	2.5	0.62
5 g/L 酪蛋白乙酸钠溶液	1.0	1.0	1.0	1.0	1.0
溶液的最终 pH	3.5	4.1	4.7	5.3	5.9
室温下静置 20 min					
现象					

【注意事项】

（1）加液量要准确。

（2）充分混匀，同步观察和记录实验现象。

【思考题】

（1）为什么说蛋白质是两性电离电解质，何谓蛋白质的等电点？

（2）本实验中酪蛋白处于等电点时即从溶液中沉淀析出，由此得出蛋白质在等电点时必然沉淀，此结论对吗？为什么？

（郑红花）

实验 3　蛋白质沉淀方法

【实验目的】

（1）熟悉蛋白质的沉淀反应。

（2）掌握蛋白质的有关性质。

【实验原理】

用大量中性盐使蛋白质从溶液中析出的过程称为蛋白质的盐析（salting out）作用。蛋白质是亲水胶体，在高浓度的中性盐作用下脱去水化层，同时蛋白质分子所带的电荷被中和，从而使蛋白质的胶体稳定性遭到破坏而沉淀析出。该沉淀经透析或用水稀释时又可溶解，故蛋白质的盐析作用是可逆过程。盐析不同的蛋白质所需中性盐的浓度与蛋白质种类及 pH 有关。分子量大的蛋白质（如球蛋白）比分子量小的蛋白质（如白蛋白）易于析出。通过改变盐浓度可使不同分子量的蛋白质分别析出。乙醇可作为脱水剂破坏蛋白质胶体质点的水化层而使其沉淀析出。

植物体内具有显著生理作用的含氮碱性化合物称为生物碱（又称植物碱，alkaloid）。能沉淀生物碱或与其产生颜色反应的物质称为生物碱试剂，如鞣酸、苦味酸、磷钨酸等。生物碱试剂能和蛋白质结合生成沉淀，可能是由于蛋白质和生物碱含有相似的含氮基团。

【实验对象】

蛋白质溶液（卵清蛋白液）。

【实验试剂】

（1）硫酸铵晶体（A.R.）：如颗粒太大，应研碎。

（2）饱和硫酸铵溶液：双蒸水 100 mL 加硫酸铵晶体（A.R.）至饱和。

（3）95%乙醇溶液（A.R.）。

（4）氯化钠晶体（A.R.）。

（5）1%乙酸铅溶液：1 g 乙酸铅（A.R.）溶于双蒸水并稀释至 100 mL。
（6）5%鞣酸溶液：5 g 鞣酸（A.R.）溶于双蒸水并稀释至 100 mL。
（7）1%硫酸铜溶液：1 g 硫酸铜（A.R.）溶于双蒸水并稀释至 100 mL。
（8）饱和苦味酸溶液（A.R.）。
（9）1%乙酸溶液：冰醋酸（A.R.）1 mL 用双蒸水稀释至 100 mL。

【实验器材】

试管（1.5 cm×15 cm）及试管架、漏斗、玻璃棒、滤纸、移液管（5.0 mL、2.0 mL、1.0 mL）。

【实验方法与步骤】

1. 蛋白质溶液的制备　取一个鸡蛋或鸭蛋的卵清，用双蒸水稀释 20～40 倍，用 2～3 层纱布过滤，滤液冷藏备用。

2. 蛋白质的盐析作用　取蛋白质溶液 5 mL，加入等量饱和硫酸铵溶液（此时硫酸铵的浓度为 50%），轻轻摇动试管，溶液混匀后静置数分钟，析出的即为卵清球蛋白（若无沉淀可再加少许饱和硫酸铵）。

将上述混合液过滤，滤液中加硫酸铵粉末至不再溶解，此时析出的即为清蛋白。再加水稀释，观察沉淀是否溶解。

3. 乙醇沉淀蛋白质　取蛋白质溶液 1 mL，加入少量氯化钠晶体（其作用是加速沉淀并使之完全沉淀），待 NaCl 溶解后再加入 95%乙醇溶液 2 mL 混匀，观察是否有沉淀析出。

4. 重金属盐沉淀蛋白质　取 2 支试管，各加入蛋白质溶液 2 mL，其中一管滴加 1%乙酸铅溶液，另一管滴加 1%硫酸铜溶液，直至有沉淀生成。

5. 生物碱试剂沉淀蛋白质　取 2 支试管，各加入 2 mL 蛋白质溶液及 1%乙酸溶液 4～5 滴，向其中一管中加 5%鞣酸溶液数滴，另一管内加饱和苦味酸溶液数滴，观察结果。

【注意事项】

（1）进行蛋白质盐析实验时应先加蛋白质溶液，然后加饱和硫酸铵溶液。
（2）固体硫酸铵若加到过饱和会有结晶析出，勿与蛋白质沉淀混淆。
（3）乙醇沉淀蛋白质时加入乙醇的速度不宜过快，需要边加边摇，防止局部浓度过大。

【思考题】

（1）卵清可作为铅或汞中毒的解毒剂，其依据是什么？
（2）总结一下蛋白质的沉淀作用还有哪些？在蛋白质的沉淀反应里，哪些是可逆的？哪些是不可逆的？

（张　弦）

实验 4　酶的特异性

【实验目的】

（1）观察淀粉在水解过程中遇碘后溶液颜色的变化。
（2）观察温度、pH、激活剂与抑制剂对唾液淀粉酶活性的影响。

【实验原理】

人唾液的中淀粉酶为 α-淀粉酶，在唾液腺细胞内合成。在唾液淀粉酶的作用下，淀粉发生水解，产生一系列被称为糊精的中间产物，最后生成麦芽糖和葡萄糖。变化过程如下所示：

淀粉→紫色糊精→红色糊精→麦芽糖、葡萄糖

淀粉、紫色糊精、红色糊精遇碘后分别呈蓝色、紫色与红色。麦芽糖和葡萄糖遇碘不变色。

淀粉与糊精无还原性或还原性很弱，对本尼迪克特试剂呈阴性反应。麦芽糖、葡萄糖是还原糖，与本尼迪克特试剂共热后生成砖红色氧化亚铜的沉淀。

酶的特异性是指一种酶只能对一种或一类化合物（此类化合物通常具有相同的化学键）起作用，而不能对别的化合物起作用。如淀粉酶只能催化淀粉水解，对蔗糖的水解无催化作用。

本实验以唾液淀粉酶（含淀粉酶和少量麦芽糖酶）对淀粉的作用为例，说明酶的特异性。淀粉和蔗糖都没有还原性，但淀粉水解产物为葡萄糖，蔗糖水解产物为果糖和葡萄糖，均为还原性糖，能与本尼迪克特试剂反应，生成砖红色的氧化亚铜沉淀。

【实验对象】

唾液淀粉酶。

【实验试剂】

（1）唾液淀粉酶液：实验者先用双蒸水漱口，然后含一口双蒸水于口中，轻漱 1～2 min，吐入小烧杯中，即为稀释唾液。若样品中食物残渣多可用脱脂棉过滤除去。将该滤液稀释 2 倍（唾液的稀释倍数因人而异，根据需要进行不同比例的稀释）。

（2）1%淀粉溶液（含 0.3% NaCl）：将 1 g 可溶性淀粉与 0.3 g NaCl（A.R.）混悬于 5 mL 双蒸水中，搅动后缓慢倒入沸腾的 95 mL 双蒸水中，煮沸 1 min，冷却后倒入试剂瓶中。

（3）碘液（$KI\text{-}I_2$溶液）：称取 2 g 碘化钾（A.R.）溶于 5 mL 双蒸水中，再加 1 g 碘，待碘完全溶解后，加双蒸水 295 mL，混合均匀后贮于棕色瓶内。

（4）本尼迪克特试剂：将 17.3 g 硫酸铜晶体（A.R.）溶入 100 mL 双蒸水中，然后加入 100 mL 双蒸水。取柠檬酸钠（A.R.）173 g 及碳酸钠（A.R.）100 g，加双蒸水 600 mL，加热使之溶解。冷却后再加双蒸水 200 mL。最后，把硫酸铜溶液缓慢地倾入柠檬酸钠-碳酸钠溶液中，边加边搅拌，如有沉淀可过滤除去或自然沉降一段时间取上清液。此试剂可长期保存。

（5）2%蔗糖溶液。

【实验器材】

试管（1.5 cm×15 cm）及试管架、烧杯、量筒、恒温水浴锅、试管夹、培养皿、玻璃棒、脱脂棉。

【实验方法与步骤】

1. 淀粉酶活性的检测　取一支试管，注入 1%淀粉溶液（含 0.3% NaCl）5 mL 与稀释唾液 0.5～2 mL，混匀后插入 1 支玻璃棒，将试管连同玻璃棒置于 37℃水浴中。不时地用玻璃棒从试管中取出 1 滴溶液，滴加在培养皿中（培养皿下方垫白纸以便于观察），随即加 1 滴碘液，观察溶液呈现的颜色。此实验延续至溶液仅表现碘被稀释后的微黄色为止。记录淀粉在水解过程中遇碘后的颜色变化。根据反应时间调整酶的稀释倍数，以 5～8 min 为宜。

向上述试管的剩余溶液中加 2 mL 本尼迪克特试剂，放入沸水中加热 10 min 左右，观察有何现象？为什么？

2. 酶的特异性

（1）检查试剂：取 2 支试管，按表 2-3 操作。

表 2-3　唾液淀粉酶特异性实验试剂还原性检测情况记录表　（单位：mL）

	试管号	
	1	2
1%淀粉溶液（含 0.3%NaCl）	3	—
2%蔗糖溶液	—	3
本尼迪克特试剂	2	2
摇匀，沸水浴煮沸 2～3 min		
观察结果		

（2）淀粉酶的特异性实验：取 2 支试管，按表 2-4 操作。

表 2-4　唾液淀粉酶特异性实验试剂配制及实验现象记录表　　（单位：mL）

	试管号	
	1	2
稀释唾液	1	1
1%淀粉溶液（含 0.3%NaCl）	3	—
2%蔗糖溶液	—	3
摇匀，置 37 ℃ 水浴保温 10 min		
本尼迪克特试剂	2	2
摇匀，沸水浴煮沸 2～3 min		
观察结果		

【注意事项】

唾液的稀释倍数因人而异，有时差别很大，稀释倍数可以是 2～50 倍。

【思考题】

（1）为什么要做试剂检查实验？省略该步骤可能有怎样的结果？

（2）酶作用的特异性有哪几种？

（张　弦）

实验 5　影响酶促反应的因素

【实验目的】

（1）观察淀粉在水解过程中遇碘后溶液颜色的变化。

（2）观察温度、pH、激活剂与抑制剂对唾液淀粉酶活性的影响，并掌握相关因素影响酶活性的机制。

【实验原理】

人唾液中淀粉酶为 α-淀粉酶，在唾液腺细胞内合成。在唾液淀粉酶的作用下，淀粉发生水解，产生一系列被称为糊精的中间产物，最后生成麦芽糖和葡萄糖。变化过程如下所示。

淀粉→紫色糊精→红色糊精→麦芽糖、葡萄糖

淀粉、紫色糊精、红色糊精遇碘后分别呈蓝色、紫色与红色。麦芽糖和葡萄糖遇碘不变色。

唾液淀粉酶作用的最适温度为 37～40 ℃，最适 pH 为 6.8，偏离此最适环境时，酶活性减弱。

低浓度的氯离子能增加淀粉酶的活性，是其激活剂。Cu^{2+}等金属离子能降低该酶的活性，是其抑制剂。

【实验对象】

唾液淀粉酶。

【实验试剂】

（1）唾液淀粉酶液：实验者先用双蒸水漱口，以除去口腔中可能含有的食物残渣。然后含一口双蒸水于口中，轻漱 1～2 min，吐入小烧杯中，即为稀释唾液，置于冰上备用。

（2）1%淀粉溶液：将 1 g 可溶性淀粉混悬于 5 mL 双蒸水中，搅匀后缓慢倒入沸腾的 95 mL 双蒸水中，煮沸 1 min，待冷却后倒入试剂瓶中。

（3）1%淀粉溶液（含 0.3% NaCl）：将 1 g 可溶性淀粉与 0.3 g 氯化钠混悬于 5 mL 双蒸水中，搅匀后缓慢倒入沸腾的 95 mL 双蒸水中，煮沸 1 min，待冷却后倒入试剂瓶中。

（4）碘液（KI-I_2 溶液）：称取 2 g 碘化钾溶于 5 mL 双蒸水中，再加 1 g 碘。待碘完全溶解后，加双蒸水 295 mL，混匀后贮于棕色瓶内。

（5）0.2 mol/L 磷酸氢二钠溶液。

（6）0.1 mol/L 柠檬酸溶液。

（7）1% NaCl 溶液。

（8）1% $CuSO_4$ 溶液。

（9）1% Na_2SO_4 溶液。

【实验器材】

恒温水浴锅、试管（1.5cm×15cm）及试管架、50mL 锥形瓶、烧杯、量筒、玻璃棒、培养皿、试管夹、微量移液器。

【实验方法与步骤】

1. 淀粉酶活性的检测 取一支试管，注入 1%淀粉溶液 5 mL 与稀释唾液 0.5~2 mL，混匀后插入一支玻璃棒，将试管连同玻璃棒置于 37 ℃水浴中。不时地用玻璃棒从试管中取出 1 滴溶液，滴加在培养皿（放置在白纸上以便观察）上，随即加 1 滴碘液，观察溶液呈现的颜色。此实验延续至溶液仅表现碘被稀释后的微黄色为止。记录淀粉在水解过程中遇碘后溶液颜色的变化和反应时间。根据反应时间调整酶的稀释倍数，以 5~8 min 为宜。若反应时间少于 5 min，说明酶的浓度或活性太高，需要进一步稀释；若时间长于 8 min，说明酶的浓度或活性太低，应重新稀释以获取较高浓度的酶。将稀释好的酶液体置于冰上备用。

2. pH 对酶活性的影响 酶的催化活性与环境 pH 有密切关系，通常各种酶只在一定 pH 范围内才具有活性，酶活性最高时的 pH 称为酶的最适 pH，高于或低于此 pH 时酶的活性都逐渐降低。不同酶的最适 pH 不同。酶的最适 pH 不是一个特征性的物理常数，对于一个酶，其最适 pH 因缓冲液和底物的性质不同而有差异。

（1）取 3 个 50 mL 锥形瓶，按表 2-5 制备不同 pH 的缓冲液。

表 2-5 不同 pH 缓冲液的制备

锥形瓶号	0.2 mol/L 磷酸氢二钠溶液（mL）	0.1 mol/L 柠檬酸溶液（mL）	缓冲液 pH
1	5.15	4.85	5.0
2	7.72	2.28	6.8
3	9.72	0.28	8.0

（2）取 3 支试管，按表 2-6 的步骤操作。

表 2-6 pH 对酶活性的影响

试剂	试管号		
	1	2	3
pH 5.0 缓冲液（mL）	2.0	—	—
pH 6.8 缓冲液（mL）	—	2.0	—
pH 8.0 缓冲液（mL）	—	—	2.0
含 0.3% NaCl 的淀粉溶液（mL）	1.0	1.0	1.0
以 1 min 的间隔，依次加入稀释唾液 1 mL，充分摇匀，置 37 °C 水浴保温 10 min，到达保温时间后，每隔 1 min 依次取出各管			
KI-I_2 溶液（滴）	2	2	2
观察结果并记录			

综合以上结果，阐述 pH 对酶活性的影响。

3. 温度对酶活性的影响　对温度敏感是酶的一个重要特性，酶作为生物催化剂，和一般催化剂一样呈现温度效应，提高温度一方面可以提高酶促反应速度，但另一方面又会加速酶蛋白的变性速度，所以在较低的温度范围内，酶反应速度随温度升高而增大，但是超过一定温度后，反应速度反而下降。酶反应速度达到最大时的温度称为酶的最适温度。酶的最适温度不是一个常数，它与作用时间的长短有关系。

取 3 支试管，各加 3 mL 含 0.3% NaCl 的淀粉溶液；另取 3 支试管，各加 1 mL 淀粉酶液稀释唾液。将此 6 支试管分为 3 组，每组中盛淀粉溶液与淀粉酶液的试管各 1 支，3 组试管分别置入 0 ℃、37 ℃与 100 ℃的水浴中。5 min 后，将各组中的淀粉溶液倒入淀粉酶液中，继续维持原温度条件 5 min 后，立即滴加 2 滴碘液，观察溶液颜色的变化。根据观察结果说明温度对酶活性的影响。

4. 激活剂与抑制剂对酶活性的影响　酶的活性会受某些物质的影响，使酶活性增加的称为激活剂，使酶活性降低的称为抑制剂。很少量的激活剂和抑制剂就会影响酶的活性，而且常具有特异性，但激活剂和抑制剂不是绝对的，浓度的改变可能使激活剂变成抑制剂。

取 4 支试管，按表 2-7 加入各种试剂。混匀，置于 37 ℃水浴中的保温 10 min 后，各加碘液 2 滴，观察溶液颜色的变化，并对现象进行解释。

表 2-7　激活剂与抑制剂对酶活性的影响

试剂	试管号			
	1	2	3	4
1% NaCl 溶液（mL）	1.0	—	—	—
1% $CuSO_4$ 溶液（mL）	—	1.0	—	—
双蒸水（mL）	—	—	1.0	—
1% Na_2SO_4 溶液（mL）	—	—	—	1.0
1%淀粉溶液（mL）	3.0	3.0	3.0	3.0
稀释唾液（mL）	1.0	1.0	1.0	1.0
摇匀，放入 37 ℃恒温水浴中保温 10 min，取出，冷却				
$KI-I_2$ 溶液（滴）	2	2	2	2
观察结果并记录				

【注意事项】

（1）唾液的稀释倍数因人而异，有时差别很大，稀释倍数可以是 2～50 倍，需根据反应时间调整酶的稀释倍数。

（2）加入酶液稀释唾液后必须充分摇匀，以保证酶与淀粉溶液充分接触，才能得到理想的结果。

（3）唾液淀粉酶准备好后，将唾液淀粉酶液置于冰水中以保持酶的活力。

【思考题】

（1）在本实验中，如何通过淀粉液加碘后的颜色变化来判断酶促反应的快慢？

（2）通过本实验，结合理论课的学习，总结一下哪些因素影响唾液淀粉酶的活性？它们是如何影响的？

（张　弦）

实验 6　琥珀酸脱氢酶的竞争性抑制作用

【实验目的】

（1）学习和掌握竞争性抑制作用的特点。

（2）观察丙二酸对琥珀酸脱氢酶的竞争性抑制作用。

【实验原理】

化学结构与酶作用的底物结构相似的物质，可与底物竞争结合酶的活性中心，使酶的活性降低甚至丧失，这种抑制作用称为竞争性抑制作用。

琥珀酸脱氢酶是位于动物细胞线粒体内膜上的一种氧化酶，它直接与电子传递链相连，是机体内参与三羧酸循环的一种重要的脱氢酶，也是呼吸链的标志酶。在体内，琥珀酸脱氢酶可以使琥珀酸脱氢生成延胡索酸。脱下的氢进入 $FADH_2$ 呼吸链，通过一系列传递体，最后传递给氧而生成水。在缺氧的情况下，脱下的氢可将蓝色的甲烯蓝还原成无色的甲烯白，这样便可以显示琥珀酸脱氢酶的作用。

$$\begin{matrix} CH_2-COOH \\ | \\ CH_2-COOH \\ \text{琥珀酸} \end{matrix} + \begin{matrix} MB \\ \text{甲烯蓝} \end{matrix} \xrightarrow[\text{无氧情况}]{\text{琥珀酸脱氢酶}} \begin{matrix} HC-COOH \\ \| \\ HC-COOH \\ \text{延胡索酸} \end{matrix} + \begin{matrix} MB-2H \\ \text{甲烯白} \\ \text{(无色)} \end{matrix}$$

丙二酸的化学结构与琥珀酸相似，它能与琥珀酸竞争，从而和琥珀酸脱氢酶结合。若琥珀酸脱氢酶已与丙二酸结合，则不能再催化琥珀酸脱氢，这种现象便是竞争性抑制。如相对地增加琥珀酸的浓度，则可减轻丙二酸的抑制作用。

【实验对象】

大白鼠。

【实验试剂】

（1）0.2 mol/L 琥珀酸溶液。

（2）0.02 mol/L 琥珀酸溶液。

（3）0.2 mol/L 丙二酸溶液。

（4）0.02 mol/L 丙二酸溶液。

（5）1/15 mol/L 磷酸缓冲液（pH 7.4）。

（6）0.02%甲烯蓝溶液。

（7）液体石蜡。

【实验器材】

手术剪、镊子、匀浆器、量筒、烧杯、纱布、试管（1.5cm×15cm）及试管架、恒温水浴锅。

【实验方法与步骤】

1. 酶提取液的制备　取 10 g 新鲜大白鼠的肝脏、心脏或肾脏组织，用预冷双蒸水清洗 3 次，剪碎，置于匀浆器中研磨成乳糜状。然后加入 4 倍体积预冷的 1/15 mol/L 磷酸缓冲液（pH 7.4），混匀，然后用纱布过滤，用干净的烧杯收集过滤液，备用。

2. 实验操作　取试管 6 支，编号，再按表 2-8 的步骤操作。

表 2-8　琥珀酸脱氢酶竞争性抑制作用实验的步骤

管号	酶提取液（mL）	1/15mol/L 磷酸缓冲液（mL）	0.2 mol/L 琥珀酸溶液（滴）	0.02 mol/L 琥珀酸溶液（滴）	0.2 mol/L 丙二酸溶液（滴）	0.02 mol/L 丙二酸溶液（滴）	双蒸水（滴）	0.02%甲烯蓝溶液（滴）
1	2	—	8	—	—	—	8	3

续表

管号	酶提取液（mL）	1/15mol/L 磷酸缓冲液（mL）	0.2 mol/L 琥珀酸溶液（滴）	0.02 mol/L 琥珀酸溶液（滴）	0.2 mol/L 丙二酸溶液（滴）	0.02 mol/L 丙二酸溶液（滴）	双蒸水（滴）	0.02%甲烯蓝溶液（滴）
2	2	—	8	—	—	8	—	3
3	2	—	8	—	8	—	–	3
4	2	—	—	8	8	—	—	3
5	—	2	8	—	—	—	8	3
6	2	—	8	—	—	—	8	3

注意：试管 6 中的酶提取液先于 100°C 水浴加热煮沸 5 min，再加入其他溶液。

将溶液加入各管后立即混合均匀。然后沿试管壁加入液体石蜡，至约 0.5 cm 厚。各管置于 37 ℃的水浴中保温，切勿摇动试管，随时观察比较各试管颜色的变化，记录褪色时间。

3. 操作实验结果记录　见表 2-9。

表 2-9　琥珀酸脱氢酶竞争性抑制作用实验结果记录表

管号	竞争物浓度与底物浓度比值（[I]/[S]）	褪色时间（min）
1	0	
2	0.1	
3	1	
4	10	
5	0	
6	0	

【注意事项】

（1）酶提取液的制备应操作迅速，以防止酶活性降低。

（2）加入液体石蜡的作用是隔绝空气，以避免空气中的氧气对实验造成影响，因此加液体石蜡时试管壁要倾斜，注意不要产生气泡。

（3）37 ℃水浴保温过程中不能摇动试管，避免空气中的氧气接触反应溶液，以防还原型的甲烯白重新氧化成蓝色。

（4）37 °C 水浴保温过程中要注意随时观察各试管的褪色情况。

（5）实验结束后，一定要洗干净试管内的液体石蜡。

【思考题】

随着竞争物浓度与底物浓度比值（[I]/[S]）的增加，褪色时间如何变化，为什么?

（张　弦）

实验 7　脂肪酸的 β 氧化作用——酮体的生成和利用

【实验目的】

（1）了解酮体生成的特点和意义。

（2）掌握酮体测定的方法。

【实验原理】

酮体是乙酰乙酸、*β*-羟丁酸及丙酮三种物质的总称，是脂肪酸在肝脏氧化分解时形成的特有中间代谢物，是在特殊情况下肝脏向外输出能源的一种方式。酮体代谢的重要特征是肝内生酮肝外用。

以丁酸作为底物，与肝组织匀浆（内含合成酮体的酶系）保温后，即有酮体生成。酮体可与显色粉（亚硝基铁氰化钠等）反应产生紫红色物质；而经同样处理的肌肉匀浆则不产生酮体，故无显色反应。

【实验对象】

ICR 小鼠。

【实验试剂】

（1）罗氏溶液：NaCl 0.9 g、KCl 0.042 g、$CaCl_2$ 0.024 g、$NaHCO_3$ 0.02 g、葡萄糖 0.1 g，溶解后加双蒸水至 100 mL。

（2）0.5 mol/L 丁酸溶液：取 44.0 g 丁酸溶于 0.1 mol/L NaOH 溶液中，并用 0.1 mol/L NaOH 溶液稀释至 1000 mL。

（3）1/15 mol/L 磷酸缓冲液（pH=7.5）：取 1/15 mol/L Na_2HPO_4 43.5 mL 与 1/15 mol/L NaH_2PO_4 6.5 mL 混合。

（4）15%三氯乙酸溶液。

（5）酮体溶液。

（6）显色粉：亚硝基铁氰化钠 1 g，无水碳酸钠 30 g，硫酸铵 50 g，混合后研碎。

（7）细砂。

【实验器材】

试管（1.5cm×15cm）及试管架、剪刀、恒温水浴锅、匀浆器、研钵、离心机。

【实验方法与步骤】

1. 肝匀浆和肌肉匀浆的制备 取小鼠 1 只，断头处死，迅速剖腹，取出全部肝脏和部分肌肉组织，分别置于研钵中，用剪刀剪碎，加入生理盐水（按质量：体积=1：3）和少许细砂，研磨成匀浆。

2. 实验操作 取试管 2 支，编号，按表 2-10 操作。

表 2-10 酮体生成的操作步骤（单位：滴）

试剂	试管号	
	1	2
罗氏溶液	15	15
0.5 mol/L 丁酸溶液	30	30
1/15 mol/L 磷酸缓冲液	15	15
肝匀浆	20	—
肌肉匀浆	—	20
置 37 °C 水浴锅中保温 40～50 min		
15%三氯乙酸溶液	20	20

将 1 号和 2 号试管分别摇匀混合 5 min，离心（3000 r/min）约 5 min，沉淀，分别取 1 号、2 号上清液备用。

另取试管 5 支并编号（若不加酮体溶液和酮尿，用 3 支试管即可），按表 2-11 的步骤操作。

表 2-11 酮体检测的操作步骤（单位：滴）

试剂	试管号				
	1	2	3	4	5
1 号上清液	20	—	—	—	—
2 号上清液	—	20	—	—	—
酮体溶液（可选做）	—	—	20	—	—

续表

试剂	试管号				
	1	2	3	4	5
0.5 mol/L 丁酸溶液	—	—	—	20	—
酮尿（可选做）	—	—	—	—	20

各管加显色粉 1 小匙（高粱米粒大），观察各管颜色反应，并解释其原因。

【临床意义】

在正常情况下，糖供应充分，生物体主要依靠糖的有氧氧化供能，脂肪动员较少。血中仅含少量酮体，0.05～0.85 mmol/L（0.3～5.0 mg/dL）。脑组织不能氧化脂肪酸，却能利用酮体。在饥饿、糖尿病、高脂低糖膳食等情况下，酮体生成增加，小分子水溶性的酮体易通过血脑屏障和肌肉毛细血管壁，成为肌肉尤其是脑组织的重要能源。当肝内生酮的速度超过肝外组织利用酮体的速度时，血中酮体含量异常升高，可致酮血症；此时尿中也可出现大量酮体，可致酮尿症。乙酰乙酸和 β-羟丁酸都是较强的有机酸，当血中酮体过高时，易使血液 pH 下降而导致酸中毒。酮症酸中毒是一种临床常见的代谢性酸中毒。

因此，酮体的检出在临床上有重要的意义。代谢性酸中毒治疗时除对症给予碱性药物外，应给予糖尿病患者胰岛素和葡萄糖，以纠正糖代谢紊乱，增加糖的氧化供能，减少脂肪动员和酮体的生成。

【思考题】

（1）从实验结果中反映出的酮体代谢组织特点是什么?

（2）实验中三氯乙酸的作用是什么?

（张　弦）

实验 8　血清谷丙转氨酶活性测定

【实验目的】

（1）掌握谷丙转氨酶测定的基本原理。

（2）熟悉谷丙转氨酶比色法测定的基本方法和临床意义。

【实验原理】

谷丙转氨酶（glutamic-pyruvic transaminase，GPT）又称丙氨酸氨基转移酶（alanine aminotransferase，ALT），催化 L-丙氨酸和 α-酮戊二酸之间的氨基转移作用，其反应式如下所示：

$$\underset{\text{L-丙氨酸}}{CH_3-CH(NH_2)-COOH} + \underset{\alpha\text{-酮戊二酸}}{HOOC-CH_2-CH_2-C(=O)-COOH} \xrightleftharpoons{ALT} \underset{\text{丙酮酸}}{CH_3-C(=O)-COOH} + \underset{\text{谷氨酸}}{HOOC-CH_2-CH_2-CH(NH_2)-COOH}$$

目前，测定 ALT 的方法主要有两类：①动力学方法，此方法需要紫外分光光度计和酶制剂等；②丙酮酸与 2,4-二硝基苯肼作用可生成二硝基苯腙，此物质在碱性溶液中呈红棕色，通过测定二硝基苯腙在 480～530 nm 波长处的吸光度求得丙酮酸的生成量，以此测得 ALT 的活性。其反应式如下所示。

$$CH_3COCOOH + H_2N-NH-C_6H_3(NO_2)_2 \xrightarrow[\text{碱性}]{-H_2O} CH_3C(COOH)=N-N-C_6H_3(NO_2)_2$$

丙酮酸　　2,4-二硝基苯肼　　丙酮酸二硝基苯腙

国内采用的血清 ALT 比色测定法有三种，即赖氏（Reitman-Frankel）法、金氏（King）法、改良穆氏（Mohum）法。这三种方法的原理、试剂和操作步骤等基本相同，但酶作用的时间有所不同，赖氏法和改良穆氏法的酶作用时间为 30 min，金氏法的酶作用时间为 60 min；三种方法主要的不同点在于其单位定义和标准曲线的绘制方法，因此测定结果的单位数值和正常值也不相同。赖氏法所规定的单位数是由实验方法和卡门分光光度法作对比测定所得的，比较准确[卡门单位定义：1 mL 血清（反应总体积为 3 mL）在 340 nm 波长、1 cm 光径、25 ℃下 1 min 内所生成的丙酮酸，使 NADH 氧化成 NAD^+而引起的吸光度每下降 0.001 为一个单位]。本实验主要介绍赖氏法。

【实验对象】

健康人混合新鲜血清样本。

【实验试剂】

（1）0.1 mol/L 的磷酸盐缓冲液（pH 7.4）。

（2）底物液（也称基质液：DL-丙氨酸 200 mmol/L，α-酮戊二酸 2 mmol/L）：称取 DL-丙氨酸 1.78 g、α-酮戊二酸 29.2 mg，先溶于 50 mL 0.1 mol/L 磷酸盐缓冲液（pH 7.4）中，然后以 1 mol/L NaOH 溶液校正 pH 至 7.4，再以 0.1 mol/L 磷酸盐缓冲液（pH 7.4）定容至 100 mL（可加氯仿数滴防腐），保存于冰箱备用。

（3）丙酮酸标准液（2 mmol/L）：准确称取丙酮酸钠 22.0 mg，溶于 0.1 mol/L 的磷酸盐缓冲液（pH 7.4），并定容至 100 mL（可加氯仿数滴防腐）。此试剂须新鲜配制。

（4）2,4-二硝基苯肼（1 mmol/L）：2,4-二硝基苯肼 19.8 mg，溶于 10 mol/L HCl 溶液，溶解后加双蒸水至 100 mL。

（5）0.4 mol/L NaOH 溶液。

【实验器材】

恒温水浴锅、可见分光光度计、刻度吸量管、滴管、试管（1.5cm×15cm）及试管架、100mL 容量瓶。

【实验方法与步骤】

1. 标准曲线制备　取试管 5 支，分别编号，按表 2-12 的步骤操作。

表 2-12　血清 ALT 活性测定实验标准曲线制备的操作步骤　（单位：mL）

试剂	试管号				
	0	1	2	3	4
0.1 mol/L 磷酸盐缓冲液（pH 7.4）	0.10	0.10	0.10	0.10	0.10
2 mmol/L 丙酮酸标准液	–	0.05	0.10	0.15	0.20
底物液	0.50	0.45	0.40	0.35	0.30
1 mmol/L 2,4-二硝基苯肼	0.50	0.50	0.50	0.50	0.50
混匀，37℃水浴保温 20 min					
0.4 mol/L NaOH 溶液	5.00	5.00	5.00	5.00	5.00

混匀后静置 10 min，以双蒸水调零点，在 520 nm 波长处比色，分别读取各管吸光度值。丙酮

酸标准液用量与酶活力的关系见表 2-13。

表 2-13　丙酮酸标准液用量与酶活力关系对照表

试剂	试管号				
	0	1	2	3	4
丙酮酸的实际含量（mmol）	0	0.10	0.20	0.30	0.40
相当于酶的活力单位（卡门单位）	0	28	57	97	150

以 1～4 号管减去 0 号管的吸光度差值为横坐标，酶活力单位为纵坐标作图，即得标准曲线。

2. 血清 ALT 活性测定　取试管 2 支，分别编号，按表 2-14 操作。

表 2-14　血清 ALT 活性测定操作步骤表　（单位：mL）

试剂	试管号	
	1（测定管）	2（对照管）
血清	0.10	0.10
底物液	0.05	–
混匀，37℃水浴保温 30 min		
1 mmol/L 2,4-二硝基苯肼	0.50	0.50
底物液	–	0.05
混匀，37℃水浴保温 20 min		
0.4 mol/L NaOH 溶液	5.00	5.00

混匀，静置 10 min，于 520 nm 波长处比色，以双蒸水调零点，测定各管吸光度。以测定管减去对照管的吸光度差值为横坐标，根据标准曲线查得酶活力单位。

【注意事项】

（1）标本为健康人混合新鲜血清，空腹取血。应避免溶血，及时分离血清。

（2）酶活性的测定结果与温度、酶作用的时间、试剂加入量等有关，操作时应严格掌握。

（3）2,4-二硝基苯肼与丙酮酸的颜色反应并不是特异的，α-酮戊二酸也能与 2,4-二硝基苯肼作用而显色，此外，2,4-二硝基苯肼本身也有类似的颜色，因此对照管颜色较深。

（4）当测定结果超过 150 卡门单位时，应用生理盐水稀释血清（血浆）样本后再测。

（5）L-丙氨酸用量应减半。

【临床意义】

血清 ALT 测定在临床上有重要意义。ALT 主要存在于组织细胞中，正常状态下只有极少量释放入血液中，所以此酶在血清中的活性很低。当组织发生病变时，组织细胞中 ALT 就大量释放入血液，使血清中该酶的活性升高。血清中的 ALT 主要来源于肝脏，各种肝炎活动期、肝癌、肝硬化和阻塞性黄疸时，血清中 ALT 的活性显著增高；但此酶的特异性不高，心肌梗死时 ALT 的活性会有轻度增高；许多肝内疾病，肝外疾病（如肝脓肿、胆道疾病、恶性肿瘤、急性胰腺炎），以及手术后恢复期、肾炎，甚至上呼吸道感染，在采用某些药物治疗时都会引起 ALT 活性升高，故使用血清 ALT 的测定诊断肝炎时应综合诊断。

赖氏法测得的正常人 ALT 为 0～35 卡门单位。

【思考题】

（1）血清氨基转移酶测定的方法有哪些？有何临床意义？

（2）影响酶活性的因素有哪些？

（3）本实验的对照管有何意义？

（张 弦）

实验9 酵母中RNA提取及其组分鉴定

【实验目的】

了解酵母RNA提取及组分鉴定的原理和操作方法。

【实验原理】

酵母中的核酸非常丰富，大约占干重的10%。其中RNA含量远高于DNA，后者含量少于2%。在细胞内，核酸多数与蛋白质结合为复合物，以核蛋白的形式存在。在碱性溶液中，加热并搅拌酵母可使蛋白质变性并与核酸分离，还能破坏可使核酸降解的核酸酶。而RNA可溶解于碱性溶液，离心可使细胞碎片和变性蛋白质沉淀。当上清液（含RNA）中的碱被中和后，加乙醇使RNA沉淀纯化，可以得到粗的RNA制品。

RNA经硫酸水解可以得到磷酸、核糖和碱基（以嘌呤为主，嘧啶不易释放）。嘌呤与硝酸银反应生成白色的嘌呤银沉淀（见光变为红棕色沉淀）；磷酸与定磷试剂反应生成蓝色的钼蓝；核糖经浓盐酸脱水生成糖醛，后者与地衣酚（3,5-二羟基甲苯）缩合生成绿色化合物，以此鉴定各种组分。

【实验对象】

酵母。

【实验试剂】

（1）0.04 mol/L NaOH溶液。

（2）酸性乙醇溶液：将0.3 mL浓盐酸加入30 mL乙醇中即得。

（3）95%乙醇溶液。

（4）乙醚。

（5）干酵母粉。

（6）1.5 mol/L H_2SO_4溶液。

（7）0.1 mol/L $AgNO_3$溶液。

（8）1 mol/L NH_4OH溶液（浓氨水）。

（9）三氯化铁浓盐酸溶液：将2 mL 10%三氯化铁溶液（用$FeCl_3 \cdot 6H_2O$配制）加入到400 mL浓盐酸中。

（10）定磷试剂。

1）17% H_2SO_4溶液。

2）2.5%$(NH_4)_2MoO_4$溶液（钼酸铵）。

3）10%抗坏血酸（维生素C）溶液：贮藏在棕色瓶中，溶液呈现淡黄色时可以使用，呈现深黄色或者棕色时失效。

用时将上述三种溶液与水按照1∶1∶1∶2（体积比）的比例混合。

（11）苔黑酚乙醇溶液：将6 g苔黑酚溶解于100 mL 95%乙醇溶液中（可以保存于冰箱中一个月）。

（12）二苯胺试剂：将4 g二苯胺溶于400 mL冰醋酸中，加入11 mL浓硫酸（相对密度1.84），贮存于棕色瓶中，若试剂呈蓝绿色，则表示冰醋酸不纯，不能使用。2-脱氧核糖或含有2-脱氧核糖的DNA与二苯胺试剂反应生成蓝色物质。此法相对特异，包括核糖在内的多种糖类一般无此反应。

【实验器材】

乳钵、布氏漏斗、滤纸、沸水浴、石蕊试纸、离心机、50 mL 离心管、试管（1.5 cm×15 cm）及试管架、100mL 烧杯、玻璃棒等。

【实验方法与步骤】

1. 酵母 RNA 的提取　称取干酵母粉 7.5 g 于 100 mL 烧杯中，加入 0.04 mol/L NaOH 溶液 45 mL，并在乳钵中研磨均匀。将悬浮液转移至 150 mL 锥形瓶中，置沸水浴中加热 30 min，不断搅拌，冷却至室温后，移入离心管中离心（3000 r/min）15 min。取上清液缓缓倾入 30 mL 酸性乙醇溶液中，边加边搅拌。待 RNA 沉淀完全后，以 3000 r/min 离心 5 min，去除上清液，用约 10 mL 95%乙醇溶液洗涤沉淀两次（每次加 95%乙醇溶液约 10 mL 后，用离心机 2000 r/min 离心 5 min）。用乙醚约 10 mL 洗沉淀物 1 次后，再用乙醚将沉淀物移到布氏漏斗中抽滤。洗涤时用细玻璃棒小心搅拌沉淀物，滤干乙醚，滤渣可在空气中干燥，即可得到 RNA 的粗制品。

2. RNA 的酸水解　取 200 mg 提取的酵母 RNA，加入 1.5 mol/L H_2SO_4溶液 10 mL，置沸水浴中 10 min，制成水解液，用作 RNA 组分鉴定。

3. RNA 组分鉴定

（1）嘌呤碱基的鉴定：取试管 1 支，加 0.1 mol/L $AgNO_3$溶液 0.5 mL，逐滴加入 1 mol/L NH_4OH 溶液至沉淀消失，然后加滤液 0.5 mL，放置片刻，观察有无白色沉淀出现（见光变为红棕色沉淀）。

（2）核糖和脱氧核糖的鉴定：取试管 2 支，各加滤液 1 mL，一管加苔黑酚乙醇溶液 0.2 mL 和三氯化铁浓盐酸溶液 2 mL（鉴定核糖：绿色），另一管加二苯胺试剂 1 mL（鉴定脱氧核糖：蓝色），置沸水浴加热 10～15 min，比较两管颜色。

（3）磷酸的鉴定：取试管 1 支，加滤液 1 mL，定磷试剂 1 mL，置沸水浴中加热，观察有无蓝色产生。

【注意事项】

本实验中的多种试剂具有腐蚀性或者毒性，操作时应务必注意安全，防止溅到皮肤或者眼睛里。一旦发生意外，应尽快报告实验带教老师，按照预案妥善处理。

【临床意义】

核酸分子由碱基、戊糖和磷酸三种成分构成，其中碱基又包括嘌呤碱基和嘧啶碱基。嘌呤碱基在体内代谢后产生尿酸，尿酸在水溶液中溶解度很低，当其浓度超过 8 mg/100 mL 时，尿酸盐晶体即可沉积下来，常见沉积部位为关节、肾脏、软骨、软组织等，从而导致关节炎、尿路结石和肾脏疾病。痛风病常见于成年男性，其与进食高嘌呤类食物有密切关系。近年来随着人民生活水平提高，不当饮食引发的各种疾病发病率也不断升高，其中水产品、啤酒及部分高核酸含量的保健品为常见诱因。

酵母富含核酸，本实验可以提取其所含核酸，并且检测其核酸中的三种成分。以本实验为例，提示未来的临床医生在痛风的健康宣教和疾病预防方面所需注意的事项。

【思考题】

（1）核酸的组分有哪些？

（2）如何避免痛风病发生？

（3）如何得到高产量的 RNA 粗制品？

（徐伯赢）

实验 10　牛乳中蛋白质的提取

【实验目的】

学习从牛奶中制备酪蛋白的原理和方法。

【实验原理】

牛乳中主要的蛋白质是酪蛋白，100 mL 牛乳中约含 3.5 g 酪蛋白。酪蛋白是一些含磷蛋白质的混合物，等电点为 4.7。利用等电点时溶解度最低的原理，将牛乳的 pH 调至 4.7 时酪蛋白可沉淀。用乙醇洗涤沉淀物，除去脂类物质杂质后即可得到酪蛋白纯品。

【实验对象】

牛乳（可用市售普通装牛奶）。

【实验器材】

离心机、抽滤装置、酸度计或精密 pH 试纸、电炉、烧杯、温度计、1000 mL 及 2000 mL 容量瓶、表面皿、电子天平。

【实验试剂】

（1）95%乙醇（A.R.）溶液 1200 mL。

（2）无水乙醇醚（A.R.）1200 mL。

（3）0.2 mol/L pH 4.7 乙酸-乙酸钠缓冲液 3000 mL：先配制 A 液与 B 液。A 液[0.2 mol/L 乙酸钠（NaAc）溶液]：称取 NaAc · $3H_2O$ 54.44 g，定容至 2000 mL；B 液（0.2 mol/L 乙酸溶液）：称取优质纯乙酸（含量大于 99.8%）12 g，定容至 1000 mL。

取 A 液 1770 mL，B 液 1230 mL，混合即得 pH 4.7 的乙酸-乙酸钠缓冲液 3000 mL。

（4）乙醇-乙醚混合液 2000 mL（乙醇、乙醚体积比为 1∶1）。

【实验方法与步骤】

（1）将 100 mL 牛奶加热到 40 ℃。在搅拌下缓缓加入预热至 40 ℃、pH 4.7 的乙酸缓冲液 100 mL。用精密 pH 试纸或酸度计调 pH 至 4.7。

将上述悬浮液冷却至室温，离心 15 min（3000 r/min）。弃去上清液，得到酪蛋白粗制品。

（2）用水洗涤沉淀 3 次，离心 10 min（3000 r/min），弃去上清液。

（3）在沉淀中加入 30 mL 95%乙醇，搅拌片刻，将全部悬浊液转移至布氏漏斗中抽滤。用乙醇-乙醚混合液洗涤沉淀两次。最后用乙醚洗涤沉淀两次，抽干。

（4）将沉淀摊开在表面皿上风干，即得酪蛋白纯品。

（5）准确称量重量，计算含量和得率。含量（%）：酪蛋白（g）/100 mL 牛奶（g）×100；得率（%）：测得含量/理论含量×100，式中理论含量为 3.5 g/100 mL 牛奶。

【注意事项】

（1）蛋白质溶液调整到等电点时，蛋白质沉淀最完全，所以本实验应当精确调整酸碱度，最好用酸度计测定。

（2）乙醚挥发性很强且有毒，所以最好在通风橱内操作。

（3）市售牛奶为加工过的牛奶，并非纯牛奶，计算得率时应予以考虑。

【思考题】

制备高产率酪蛋白的关键是什么？

（徐伯赢）

实验 11　蛋白质的定量——凯氏定氮法

【实验目的】

（1）掌握凯氏（Kjeldahl）定氮法测定蛋白质含量的原理及操作方法。

（2）通过实验加深对血清蛋白质含量的理解。

【实验原理】

蛋白质定量的目的在于测定和计算出单位重量或容量的样本中所含蛋白质成分的数量。目前用来测定蛋白质的常用定量方法有凯氏定氮法、酚试剂法、双缩脲法及紫外分光光度法等，它们所测定的蛋白质数量都是样本中蛋白质的总量。如果需要测定某种或某类蛋白质的单一组分，则应将样本进行事先处理，通过分离纯化得到单一组分，然后再进行定量测定。蛋白质的定量测定方法必须具备精密度高、灵敏度好、稳定、重复性好、不受共存物质干扰、操作简单、试剂价格低廉等特点，所以在挑选测定方法时，应该根据实验目的和实验的具体条件认真选择。

凯氏定氮法被广泛用于各种有机物质中氮的测定。试样在特制的凯氏瓶中与浓硫酸共热，在硫酸的沸点附近有机物质被氧化分解，其中的碳被氧化成 CO_2，氢被氧化成水，氮则以氨的状态与硫酸生成硫酸铵留在溶液中，此过程常被称为“消化”，其反应原理可用下列方程式表示。

$$NH_2CH_2COOH+3H_2SO_4 \xrightarrow{\triangle} 2CO_2\uparrow + 4H_2O+3SO_2\uparrow +NH_3$$

$$2NH_3 + H_2SO_4 \longrightarrow (NH_4)_2SO_4$$

但凯氏定氮法不能直接测定硝基、亚硝基、偶氮基和重氮基中的氮。因为这些有机氮在消化时不能生成铵盐，如果需要应先将它们还原为氨基氮。

消化液中生成的硫酸铵在加入强碱（NaOH）碱化后生成氨，氨借水蒸气蒸馏法被定量地蒸馏入氨接收瓶中（接收瓶中有足量的 0.1 mol/L 硼酸溶液）。硼酸为一极弱的酸，pK_a=9.24，其 0.1 mol/L 溶液的 pH 约为 4.8。吸收了氨后，溶液 pH 上升，但由于有足量的硼酸，溶液仍保持弱酸性，以标准盐酸滴定生成的氨（滴至硼酸溶液原来的 pH），所耗用的盐酸量即相当于氨量。可以据此计算出检样中氮的含量。

蒸馏：$(NH_4)_2SO_4 + 2NaOH \longrightarrow 2NH_3 \cdot H_2O + Na_2SO_4$

$NH_3 \cdot H_2O \longrightarrow NH_3\uparrow + H_2O$

吸收：$NH_3 + H_3BO_3 \longrightarrow NH_4H_2BO_3$

滴定：$NH_4H_2BO_3 + HCl \longrightarrow NH_4Cl + H_3BO_3$

滴定指示剂应选用 pH 在 5.0 左右变色者，本实验选用按一定比例配成的甲基红-溴甲酚绿混合指示剂。此两者指示剂中前者在 pH 为 4.2～6.3 时变色（由红色变为黄色，终点为橙红色）；后者在 pH 为 3.6～5.2 时变色（由黄色变为蓝色，终点为绿色），当两者指示剂以适当比例混合时，在 pH＞5.0 时呈绿色，在 pH＜5.0 时呈橙红色，在 pH=5.0 时因补色关系而呈紫灰色，因此滴定终点十分敏锐，易于掌握。

凯氏定氮法在生物化学中常用于蛋白质含量测定，一般蛋白质含氮量平均在 16%左右，可用测得的氮量折算检样中的蛋白质含量。凯氏定氮法也常用作其他蛋白质定量法的标定依据。

【实验对象】

血清样本。

【实验试剂】

（1）K_2SO_4 粉末。

（2）12.5% $CuSO_4$ 溶液。

（3）浓硫酸。

（4）0.01 mol/L HCl 溶液。

（5）40% NaOH 溶液。

（6）0.1 mol/L 硼酸溶液应对混合指示剂呈紫灰色，如偏酸可用稀 NaOH 校正。

（7）混合指示剂：取 0.2%溴甲酚绿乙醇溶液 10 mL 与 0.2%甲基红乙醇溶液 3 mL 混合。

（8）甲基红。

（9）铬酸洗液。

【实验器材】

100 mL 凯氏烧瓶、洗耳球、玻璃珠（直径不能小于 0.6 cm）、刻度吸管（0.1 mL、1.0 mL、5.0 mL、

10mL）、消化管支架、酒精灯、7.5 mL 酸式滴定管、小漏斗、9.5 mL 半微量碱式滴定管、150 mL 三角烧瓶、微量氨蒸馏器、电炉、铁架台、125 mL 锥形瓶、碎瓷片。

【实验方法与步骤】

1. 消化 取凯氏烧瓶 2 个、编号，在 1 号瓶中加入下列物质：血清 0.1 mL（检样用微量吸管直接送至瓶底，将吸管外壁附液拭净）。K_2SO_4 粉末 0.2 g（用以提高 H_2SO_4 沸点），12.5% $CuSO_4$ 溶液 0.3 mL（作为氧化的催化剂），H_2SO_4 1.2 mL，玻璃珠 1 颗（防止液体暴沸），消化时将凯氏烧瓶斜夹在铁架台上，用酒精灯加热，开始有水蒸气发出，后来产生浓厚白烟（SO_3），此时在凯氏烧瓶上加盖小漏斗，以防 SO_3 外溢过多。溶液逐渐变成棕色，继续加热至瓶中的消化液变为澄清的蓝绿色，消化即完成。冷却，吸取双蒸水 5 mL，冲洗瓶颈，任水流入瓶中。2 号瓶用作空白，注意每批检样测定均应有空白对照。

2. 蒸馏 蒸馏装置预先用铬酸洗液浸泡一天，用自来水冲净，装好。蒸汽发生器中装水，加几滴硫酸、甲基红、数块碎瓷片或一端封口的毛细管。在蒸馏器冷凝管下端置一烧杯接水，将蒸汽发生器加热，使蒸汽通过全部装置 15～30 min，然后将蒸汽发生器从电热器上取下，此时蒸汽发生器因冷却产生负压，利用此负压将蒸馏器内管中的积水回吸至外套管。开放下端管夹放出废液，然后将此管夹保持于开放状态。

（1）于 125 mL 锥形瓶中加 0.1 mol/L 硼酸 10 mL 和混合指示剂 5 滴（溶液应呈紫灰色），置冷凝管下端，使冷凝管的管口全部浸入硼酸溶液中。

（2）自蒸馏器上的小漏斗加入经消化的试样，轻轻提起漏斗中的玻璃塞，使液体流下进入内管，并用少量双蒸水淋洗凯氏烧瓶，洗出液经漏斗并入蒸馏器（重复两次），并用少量双蒸水淋洗漏斗。

（3）从小漏斗加 40% NaOH 溶液 7 mL。

（4）将蒸汽发生器再置于电热器上，夹紧蒸馏器下端的废液排出管，开始蒸汽蒸馏，此时器内液体应呈深蓝色（氢氧化铜）或棕色（氧化铜）。

（5）当看见接收瓶中的指示剂转变为绿色起计时蒸馏 6 min，然后将接收瓶下移，使冷凝管管口离开接收瓶液面继续蒸馏 2 min，利用冷凝的水冲洗吸入冷凝管内的溶液，最后用洗冷凝管口，一并洗入接收瓶中，取下接收瓶，用清洁纸片盖住。

（6）将蒸汽发生器自电热器上取下，蒸馏器内管的废液即因负压而回吸至外套管，然后由漏斗加入双蒸水少许，利用负压回吸，冲洗 2～3 次；开放废液管，放出废液，仪器即可用于空白或其他试样的蒸馏。

（7）按上述操作同样蒸馏空白对照瓶，放出废液。待样品及空白消化液均蒸馏完毕，同时进行滴定。

3. 滴定 用 0.01 mol/L 标准 HCl 溶液滴定锥形瓶中的溶液，至蓝色变为紫灰色，即达终点。

4. 计算

毫克氮（mgN）=[滴定检样所用 HCl 溶液（mL）数-滴定空白所用 HCl 溶液（mL）数]×HCl 溶液的摩尔浓度×14×100÷[所用检样的质量（g）或体积（mL）]。

$$\text{蛋白质} = \frac{\text{mgN} - \text{NPN}}{1000} \times 6.25 \tag{2.1}$$

式中，NPN 为非蛋白质氮。

【注意事项】

（1）消化阶段，可用 K_2SO_4、$KHSO_4$（或钠盐）或磷酸升高沸点。用汞、铜等金属盐或其他化合物（如二氧化硒、亚硒酸铜等）作催化剂；加过氧化氢、过氯酸盐等作辅助氧化剂。这些物质的加入可以加速氧化反应。

（2）消化时不要用强火。在整个消化过程中保持和缓的沸腾，使火力集中在凯氏烧瓶的底部，以免黏附在壁上的蛋白质在无硫酸存在的情况下使氮有损失。

（3）普通实验室中的空气常含有少量的氨，可以影响结果，所以操作应在单独洁净的房间中进行。

（4）凯氏定氮法的优点是适用范围广，可用于动植物的各种组织、器官及食品等组成复杂的样品测定，只要细心操作就能得到精密结果。其缺点是操作比较复杂，含大量碱性氨基酸的蛋白质测定结果往往偏高。

（5）样品放入凯氏烧瓶时，不要黏附在瓶颈上。如黏附可用少量水冲下，以免样品消化不完全。

【临床意义】

（1）血清总蛋白的参考值为 60～80 g/L。

（2）血清总蛋白浓度受到血容量变化的影响，脱水时蛋白质浓度相对增加，水潴留时则降低。在生理情况下，体位、运动等也可使血清总蛋白浓度发生轻微变化。血清总蛋白浓度升高见于各种原因失水所致的血液浓缩，如呕吐、腹泻、烧伤、糖尿病酮症酸中毒、急性传染病、急腹症等；网状内皮系统疾病，如多发性骨髓瘤、原发性巨球蛋白血症、单核细胞白血病等；风湿性疾病，如系统性红斑狼疮、多发性硬化；慢性传染病，如结核、梅毒等。血清总蛋白浓度降低见于各种原因引起的血清蛋白丢失或摄入不足，如肾病综合征、营养不良、消耗增加；蛋白质合成障碍，如肝脏疾病。

【思考题】

（1）指出下面试剂的作用：蒸馏滴定中 40%的氢氧化钠溶液、0.1mol/L 的硼酸溶液及 0.1mol/L 硼酸溶液中的指示剂。

（2）正式测定未知浓度样品前为什么必须测定标准硫酸铵的含氮量及空白的含氧量?

（韩　冬）

第二节　电泳技术

带电分子在电场作用下向着与其电性相反的电极移动，称为电泳（electrophoresis）。利用带电分子在电场中移动速度的不同而达到分离的技术称为电泳技术。生物化学工作者常用电泳技术分析带电分子在电场中的分离情况。现代电泳分离技术一般都采用经聚合的凝胶作为支持介质，样本在支持介质狭窄的区带中分离以形成斑点或细条带，故也有“区带电泳”的称法。电泳中，分子的迁移速率同时受到外加电场，凝胶内刚性且交错的网格，待分离颗粒的大小、形状、电荷及其化学组成等多种因素的共同干预。操作便捷是电泳技术的优势之一，它常用来分离纯化不同类型的生物分子，尤其是核酸和蛋白质。虽然目前还很难对分子在凝胶介质中的移动现象做出一个准确的解释，但这并不妨碍该项技术在生化物质的纯化、鉴别及其分子量判定方面的广泛应用。

一、电泳基本原理

带电分子在电场中的迁移速率可用式（2.2）来表示。

$$v = \frac{Eq}{f} \tag{2.2}$$

式中，E 为每厘米的电压值（V/cm），即匀强电场中的电场强度；q 为分子所带净电荷数；f 为摩擦系数，这取决于分子的大小与形状；v 为分子的迁移速率。

显而易见，带电颗粒的迁移速率与电场强度（E）和分子电荷数（q）呈正相关，而与凝胶介质的黏滞力（f）呈负相关。式（2.2）中的电压值 E 在电泳时一般保持恒定，但也有些实验是采用恒定电流（此时电压随电阻发生改变）。在恒压条件下，通过式（2.2）不难看出带电分子的迁移速率只与 q/f 的值成正比，那么对于具有相同构象的分子来说（如几条线性 DNA 片段或几个球状蛋白质），f 只与分子大小有关而与其形状无关；因此，式（2.2）中的变量只剩下分子带电荷量 q 和分子量所决定的 f，这意味着在此条件下上述几个分子在电场中的迁移率与它们的荷质比呈线性正相关。

带电分子在电场中的运动往往用迁移率（μ）来表示，即单位电场中的迁移速率[见式（2.3）]。

$$\mu = \frac{v}{E} \tag{2.3}$$

把式（2.2）代入式（2.3），得

$$\mu = \frac{Eq}{Ef} = \frac{q}{f} \tag{2.4}$$

理论上，若某分子的净电荷 q 已知，那么可通过检测该分子在电场中的迁移率推导出摩擦系数 f，从而获得该分子的流体力学半径及一些形状信息。然而，仅凭借电泳并不能完全把 f 解释清楚，主要原因在于式（2.4）并未充分描述电泳的过程。那么，在公式中没有考虑到什么重要因素呢?即迁移中的分子与支持介质间的相互作用及电泳缓冲液离子对分子表面电荷的屏蔽作用。这就意味着电泳并非是一种用来阐明分子特定形状的手段，但其可作为分析高分子化合物纯度和分子量的方法。如果混合物中每一种分子的带电量或分子量都不相同，那么它们在电场中的迁移率也都是唯一的。其实这种思路为所有电泳方法及分离功能的分析奠定了基础。由此看来，电泳技术尤其适用于氨基酸、多肽、蛋白质、核苷酸、核酸及其他带电分子的分析。

二、电泳的主要影响因素

在电泳原理部分已经提到了一些电泳的影响因素，简单来讲，可总结为以下几个方面。

（一）待分离生物分子的性质

待分离生物分子的分子大小、形状和所带电荷数量是影响电泳效果的内因。通常物质分子量越小、形状越规则、净电荷越多，则电泳速度越快，反之越慢。例如，在分离蛋白质或核酸分子时，在分子量相当的情况下，球状分子比纤维状分子的泳动速度快，表面电荷量大的分子比表面电荷量小的分子移动速度快。有时，实验者可通过消除形状和电荷的差异来体现分子量大小的区别。

（二）电场强度

电场强度（V/cm）是每厘米的电压降，是带电分子电泳时的主要推动力。电场强度越大，电泳速度越快。但增大电场强度会引起通过支持介质的电流强度增大，从而造成电泳过程中产热量增大，导致样本性质改变或电泳区带变形。降低电流强度可以减小产热，但电泳时间会相应延长，使待分离分子在介质中的扩散程度增加、区带模糊，从而影响电泳分离效果。因此，电泳实验应选择适当的电场强度，同时可通过配备冷却装置来降低电泳环境温度，以获得较好的实验效果。

（三）缓冲液的 pH 和离子强度

缓冲液的 pH 决定了带电分子的解离程度，即直接影响该分子的净电荷数量。对于蛋白质、氨基酸、核酸等两性电解质来说，若其所在缓冲液的 pH 小于其等电点，则分子带正电荷，向负极移动；若缓冲液 pH 大于其等电点，则分子带负电荷，向正极移动。缓冲液的 pH 偏离等电点越远，分子所带的净电荷越多，其电泳迁移率越大；反之则越小。因此缓冲液的 pH 应尽量选择远离待分离分子的等电点。一般情况下都选择弱碱性的电泳缓冲液（pH 8～9），但碱性不宜过大，以免损伤电泳样本。常用的缓冲液成分有甲酸盐、乙酸盐、柠檬酸盐、磷酸盐、硼酸盐、巴比妥盐或三羟甲基氨基甲烷（trihydroxymethyl aminomethane，Tris）等，这些缓冲液的性质稳定，不易电解。

离子强度等于缓冲液中各种摩尔浓度与其电荷数平方乘积总和的一半。离子强度与带电分子在电场中的泳动速度成反比，这是因为离子强度增大，其所分担的电流会随之增加，造成带电分子真实电流下降，引起电泳区带分辨率下降。离子强度增加还会造成电泳过程中产热量增大，如前所述，这对物质分离也会带来不利影响。但离子强度降低，缓冲能力下降，也会引起电泳分辨率下降的不良后果。因此在实际操作中，必须两者兼顾，一般常用缓冲液的离子强度范围为 0.02～0.20。

（四）支持介质

电泳的支持介质都选用惰性材料，其自身化学性能非常稳定，不容易和待分离的生物分子发生化学反应。此外，从材料学角度考虑，其还需具有一定的坚韧度，不易断裂，容易保存。支持介质的结构对待分离物质的电泳迁移率有很大影响，主要表现为对样本的吸附，以及产生电渗现象和分子筛效应。这些因素均与带电颗粒泳动时的摩擦力、电泳迁移速率、电泳区带的分辨率直接相关。因此，应根据待分离样本的性质选择合适的支持介质。常用的电泳支持介质有醋酸纤维素薄膜、琼脂糖凝胶、聚丙烯酰胺凝胶等。

这里简单解释一下上面提到的电渗现象和分子筛效应。电渗现象是指在电场中，支持介质吸附缓冲液中的水分子而使介质表面相对带电，在电场作用下，缓冲液就向一定方向移动。例如，琼脂中含有的硫酸基带负电荷，它们与水形成水合氢离子（H_3O^+），在电场的作用下，水向负极移动。若待分离分子也带负电荷，则移动更快，反之则移动更慢。所以电泳支持介质应避免选择高电渗物质。分子筛效应是凝胶类电泳的一个特性，电泳所用的凝胶具有“筛网”式的结构。筛孔大小影响待分离分子的电泳迁移速率非常明显，待分离分子在筛孔大的凝胶中泳动速度快，在筛孔小的凝胶中则泳动速度慢。

三、常用电泳分析方法

不同电泳方法的区别主要在于所使用的支持介质不同，支持介质主要分为纤维素薄膜类和凝胶类。一般来说，纤维素薄膜类的支持介质适合分离诸如氨基酸、糖类等低分子量的生化分子，而聚丙烯酰胺和琼脂糖凝胶类的支持介质适合分离分子量更大些的分子。当然这也没有绝对的限制，研究者可根据实际需要选择。总体来说，相对于凝胶电泳而言，纤维素薄膜电泳的操作简便但分辨率较低。此外，根据支持介质制备及工作中支持介质的水平或垂直放置、缓冲液选择和电泳条件设置等不同，上述两类电泳还可形成不同的实验方案。

（一）醋酸纤维素薄膜电泳（cellulose acetate membrane electrophoresis）

醋酸纤维素薄膜是由纤维素羟基乙酰化形成的纤维素醋酸酯制成的，常用于血清蛋白质、同工酶的分离。乙酰基不解离，所以这种纤维素薄膜几乎不带电荷，吸附作用和电渗作用都较弱，能消除电泳中出现的“拖尾”现象，同时也会使薄膜染色后背景脱色完全。尽管它的分辨力比聚丙烯酰胺凝胶电泳低，但其具有分离速度快、样品用量小的特点，适合于病理情况下微量异常蛋白的检测，目前已广泛用于血清蛋白、血红蛋白、球蛋白、脂蛋白、糖蛋白、甲胎蛋白、类固醇激素及同工酶等的分离分析中。醋酸纤维素薄膜电泳染色后，经冰醋酸、乙醇混合液或其他溶液浸泡可制成透明的干板，有利于扫描定量及长时间保存。也可在薄膜染色后剪下各区带，溶于一定的溶剂中进行光密度测定。醋酸纤维素薄膜电泳前往往通过薄片状的点样器蘸取少量样品点印在薄膜较为毛糙的一面。点样器可用载玻片替代，也可选用专用的点样设备。由于薄膜厚度小，样品用量很少，所以该电泳方法常用来分析，而不适于制备。醋酸纤维素薄膜的缺点是吸水性差，电泳前和电泳过程中水分均容易蒸发而使电泳终止，因此点样后应立即将薄膜放入电泳槽，并盖紧电泳盖，以保持湿润状态（图 2-1，图 2-2）。

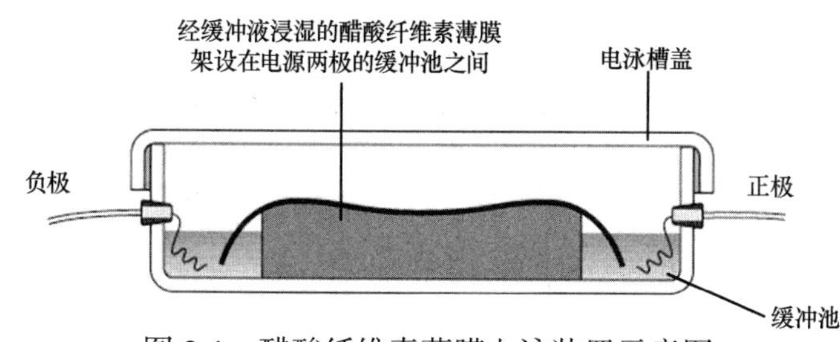

图 2-1　醋酸纤维素薄膜电泳装置示意图

图 2-2　醋酸纤维素薄膜电泳适用的电泳槽

（二）聚丙烯酰胺凝胶电泳（polyacrylamide gel electrophoresis，PAGE）

相对纤维素薄膜电泳，凝胶介质的电泳应用更为广泛。丙烯酰胺经聚合所形成的凝胶在电泳中具有以下优点：①可以高分辨率对中小分子量的蛋白质或核酸（分子质量约为 1×10^6 Da）进行分离；②允许相对较大的上样量；③惰性较强，几乎无电渗现象，待检分子在迁移过程中与支持介质的摩擦力较小；④支持介质的稳定性较高。实验中，研究者可通过改变交联剂的浓度来调整聚丙烯酰胺凝胶内的不同孔径大小，以形成不同程度的“筛网”。为什么 PAGE 可以提高样本内不同成分的分离效果？原因很简单，即分子筛和电泳的双重效应。与凝胶过滤技术的情形恰恰相反，在 PAGE 中小分子物质的迁移率明显大于大分子物质。

聚丙烯酰胺凝胶是通过丙烯酰胺和交联剂甲叉双丙烯酰胺的自由基聚合作用制备而成的。化学聚合由引发剂-催化剂体系（即过硫酸铵-四甲基乙二胺）控制，还可以在紫外辐射条件下由核黄素（维生素 B_2）引发的光化学作用聚合。一般情况下，常用 7.5%的聚丙烯酰胺凝胶分离蛋白质，可分离的分子质量范围为 10 000～1 000 000 Da（10～1000 kDa），通常在 45～200 kDa 可获得最佳分辨率。凝胶分辨率和适用的分子质量范围取决于丙烯酰胺和甲叉双丙烯酰胺的浓度。浓度较低时，凝胶中的筛孔较大，利于大分子质量生物分子的分离。相比之下，较高浓度的丙烯酰胺会形成较小孔径的凝胶筛孔，适于低分子质量生物分子的分析，详见表 2-15 和表 2-16。

表 2-15　PAGE 的 DNA 分离有效范围

丙烯酰胺（%，*m*/*V*）①	分离范围（bp）②	溴酚蓝	二甲苯蓝
3.5	1 000～2 000	100	450
5.0	80～500	65	250
8.0	60～400	50	150
12.0	40～200	20	75
20.0	5～100	10	50

注：①丙烯酰胺：甲叉双丙烯酰胺=20：1；②表中用 bp（base pair，碱基对）为单位的数字代表与相应染料具有相同迁移率的 DNA 片段大小

表 2-16　PAGE 的蛋白质有效分离范围

分离胶中的丙烯酰胺（%，*m*/*V*）	有效分离范围（Da）
7.5	45 000～200 000
10	20 000～200 000
12	14 000～70 000
15	5000～70 000
20	5000～45 000

PAGE 通常在垂直放置的凝胶电泳装置中进行。聚丙烯酰胺胶板在两块玻璃板之间制成，玻璃板之间由间隔条分离，间隔条有统一的厚度，一般有 0.5 mm、1.0 mm、1.5 mm 和 2.0 mm 四种规格，可根据实际分析需求选择。胶板的尺寸通常是 8 cm×10 cm，但是若作为核酸测序用，常需要更大尺寸的胶板，如 20 cm×40 cm。

在凝胶聚合过程中，插入胶板顶部的塑料“梳子”在胶中形成的凹痕可作为上样孔。聚合后，小心地取出梳子，用缓冲液彻底冲洗上样孔，以除去盐分和未聚合的丙烯酰胺。把凝胶板夹在正负极缓冲液槽之间，将样本加入上样孔中，启动电泳过程。电泳后可将凝胶从胶板上剥离，并进行染色和背景脱色处理，以观察样本分离情况。典型的 PAGE 垂直凝胶电泳

装置如图 2-3 所示。

PAGE 最难和最不方便的环节当属制备凝胶，且制好的凝胶无法重复利用。丙烯酰胺单体具有神经毒性，属致癌剂，因此需要规范操作。其他必需试剂，如催化剂和引发剂，由于不稳定，需用前新鲜配制。现在的预制聚丙烯酰胺凝胶就有已装入玻璃板或塑料板的现成胶板，可直接使用；也有配制好的丙烯酰胺混合液，加入催化剂和引发剂即可聚合。不同丙烯酰胺浓度比例、不同浓度梯度、不同上样孔规格和各种配套缓冲液的 PAGE 产品层出不穷。

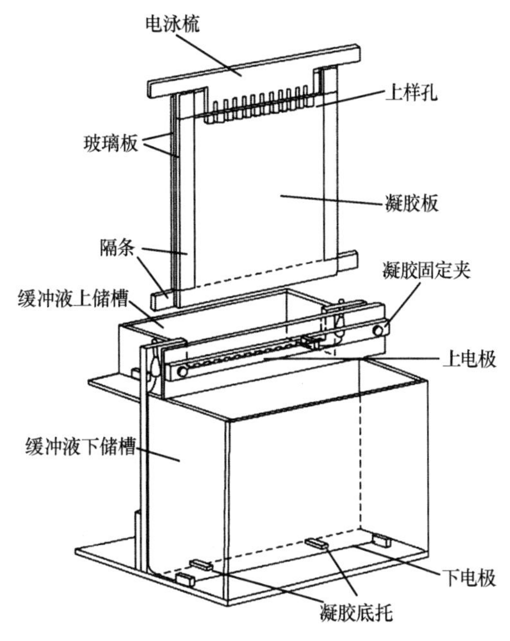

图 2-3　垂直凝胶电泳装置示意图

为了提高电泳分离的范围和分辨率，在一个凝胶电泳系统中的不同部位制备 pH、离子强度、缓冲液成分或凝胶孔隙大小不同的凝胶层，即不连续凝胶电泳（discontinuous gel electrophoresis）。该方法有三个重要特征：①有两个凝胶层，即底层的分离胶和上层的浓缩胶；②两个凝胶层的离子强度和 pH 不同，如通常情况上层为 2%～3%的丙烯酰胺（pH 6.9），下层为 7.5%的丙烯酰胺（pH 8～9）；③浓缩胶的丙烯酰胺浓度较低，因此其孔径较大。如此一来，浓缩胶中会形成高度浓缩的样本区带，并且样本中各成分在下层分离胶分离时的分辨率更高。不连续凝胶电泳以优异的分辨率成为分析蛋白质或核酸片段的首选方法，1～2 μg 的蛋白质或核酸区带在电泳后通过凝胶染色即可被检出。

上面已讨论的电泳技术由于迁移率同时受到分子带电荷数量和分子大小的影响，故并不适用于生物样本分子质量的检测。倘若将蛋白质样本进行处理以使其带电量统一，则电泳迁移率主要取决于分子质量[见式（2.4）]。因此，蛋白质样本在变性剂十二烷基硫酸钠（sodium dodecyl sulfate，SDS）和二硫键还原剂巯基乙醇参与下进行电泳，其分子质量可被估测出来，即通常提到的“SDS-PAGE 变性电泳”。当被变性剂 SDS 处理后，蛋白质空间结构被破坏，转变为表面包被有负电 SDS 分子的线性多肽链形式。而在此过程中，巯基乙醇通过还原所有的二硫键促进了蛋白质的变性过程。变性剂结合在变性蛋白质肽链的疏水区域，比例均匀、统一，即每克蛋白质结合 1.4 g SDS。线性肽链表面所结合的负电 SDS 分子掩盖了蛋白质自身的电荷，因此多肽链即形成稳定的荷质比和统一的形状。SDS-蛋白质复合物的电泳迁移率主要受其分子质量的影响，即较大的分子易被凝胶的分子筛效应阻滞，较小的分子则可获得更大的迁移率。在实际的 SDS-PAGE 实验中，分子质量与亚基组成的未知蛋白质会在含有 1%SDS 和 0.1 mol/L 巯基乙醇的电泳缓冲液中被变性处理。而与此同时，需要用分子质量已知的一系列标准蛋白质的混合物作为蛋白质分子质量标准　（也可称为蛋白质 marker），以同样的条件进行电泳分离。目前市售的蛋白质 marker 主要分为低分子质量蛋白质（分子质量范围是 14～100 kDa）和高分子质量蛋白质（分子质量范围是 45～200 kDa）两类。电泳后，通过染色即可判断未知蛋白质的迁移率和分子质量。由此可见，SDS-PAGE 适用于 10～200 kDa 分子质量范围的蛋白质样本。若待检蛋白质的分子质量超过 200 kDa，则需配制浓度小于 2.5%的丙烯酰胺凝胶，但小浓度凝胶往往由于交联效果较差而在操作中易碎，可通过配制强度较大的琼脂糖-丙烯酰胺混合凝胶以满足大分子质量蛋白质的分离。

（三）琼脂糖凝胶电泳（agarose gel electrophoresis）

一般来说，PAGE 技术对于分离 200 kDa 以内的蛋白质或小于 350 kDa 的核酸小片段（长度约为 500 个碱基对）是没问题的，但其凝胶中的胶孔孔径较小，并不适合用来分离较大的核酸片段或完整的 DNA 分子。所以，当分析长度在 200～50 000 bp 的 DNA 和 RNA 分子时，往往采用琼脂糖凝胶作为支持介质进行电泳分离。

琼脂糖是一种从红藻中提取的线性多糖聚合物。凝胶配制时需将琼脂糖与电泳缓冲液混合并加热溶解，待凝胶混合物冷却至 50 ℃后，与前面提到的 PAGE 制胶过程一样，将琼脂糖溶液倒入带有间隔条的两层玻璃板中间。当然，浓度小于 0.5%的琼脂糖凝胶强度较小，很易碎，必须配合水平电泳装置使用。将待分离的样本加入用梳子制成的上样胶孔中，施加电压进行电泳分离。与 PAGE 的相关产品一样，各种形状、大小和浓度组成的琼脂糖凝胶也都有商品化的预制胶系列产品。

按照经典的方法，在电泳分离结束后，将琼脂糖凝胶胶块浸泡在溴乙锭（ethidium bromide，EB）溶液中，观察核酸在凝胶中的分离情况。EB 是一种高灵敏度的荧光染料，可嵌入 DNA 堆积碱基之间以显示增强的荧光。在凝胶聚合之前，也可以直接把 EB 加入琼脂糖溶液中。EB 预染的凝胶用标准 302 nm 紫外光透射仪照射，即可在凝胶中分布有核酸的位置显现出橙红色区带，并可用凝胶成像系统拍摄。需要注意的是，由于 EB 具有一定的毒性，实验结束后应对含 EB 的溶液进行净化处理再行弃置，以免污染环境和危害人体健康。目前也有很多无毒的 EB 替代物，在“电泳中的相关问题”部分会详细说明。

核酸在琼脂糖凝胶中的迁移率受琼脂糖浓度和核酸分子大小、分子构象的影响。琼脂糖浓度在 0.3%～2.0%时的核酸分离效率是最高的（表 2-17）。与蛋白质一样，核酸以与其分子量的对数成反比的速率迁移，因此，待检核酸的分子量可以通过同时分离的、分子量已知的标准核酸或 DNA 片段（也可称为 DNA marker）的电泳结果进行判断。通常遇到的 DNA 构象有三种，即超螺旋闭环 DNA、带缺口的开环 DNA 和线性 DNA。较小且紧密的超螺旋 DNA 往往电泳迁移率最快，其次是棒状的线性 DNA，已有缺口并延伸开来的环状 DNA 是泳动速度最慢的。当然，三种不同构象 DNA 的电泳迁移率还取决于实际的电泳条件，如琼脂糖浓度和离子强度等。

表 2-17　琼脂糖的 DNA 有效分离范围

琼脂糖（%，*m*/*V*）	有效分离范围（kb）
0.3	5～50
0.5	2～25
0.7	0.8～10
1.2	0.4～5
1.5	0.2～3
2.0	0.1～2

四、电泳中的相关问题

（一）仪器

电泳所需的基本仪器设备是电源和电泳槽。目前市面上的恒压恒流电源种类较多，选用最大可调电压为 300 V，最大可调电流为 400 mA 的基本型电源即能满足大多数常规电泳实验的需求。也有为一些研究型实验室实施改良的、特殊的电泳方法而设计生产的功能更加强大的电源，如高电流电源、高电压电源、多功能电源等，目前商品化的高电流电源最大可调限度至 3 A，高电压电源最大可调限度至 5 kV。高功率电源工作时必然会引起高产热，因此在使用这些电源时，夹胶的玻璃板表面必须附着导电铝板以辅助散热并防止凝胶熔化和玻璃板断裂。此外，适用于水平或垂直放置凝胶的电泳槽也有各种品牌和规格。

（二）试剂

电泳时必须选用相对高质量的电泳级试剂，低劣的产品往往会影响凝胶的聚合效果及电泳迁移率。用于制胶的各种试剂也需在冰箱内低温保存。需要注意的是，前面提到的丙烯酰胺（acrylamide，Acr）、甲叉双丙烯酰胺（bis-acrylamide，Bis）、加速剂四甲基乙二胺（*N,N,N′,N′*-tetramethylethylenediamine，TEMED）和交联剂过硫酸铵（ammonium persulphate，AP）都有毒性，必须小心使用。丙烯酰胺具有神经毒性，属疑似致癌物，可通过皮肤吸收，因此在称取未聚合的丙烯酰胺时须戴口罩、手套。电泳所需的缓冲液主要包括 Tris-甘氨酸、Tris-乙酸、Tris-磷酸和 Tris-硼酸等，工作浓度为 0.05 mol/L。凝胶电泳技术发展迅速，同时也伴随着各类电泳器材、耗材的问世，使得实验室的电泳操作更加快捷、方便、高效，如前面提到的已经商品化的包含各种尺寸、类型、规格和组分的预制凝胶。总体来讲，这些产品价格合理，除了使用方便之外，还能减少实验安全隐患、节省时间、提高实验重复率，因此越来越多地受到实验者的青睐。此外，还有可以重复利用的预制琼脂糖凝胶，电泳后通过反向电场作用即可去除胶上的 DNA 样本，重新用于新一批的样本分析。

（三）染料

电泳时通电时间的长短是很重要的，若电泳时间过长，样本可能会穿过支持介质进入电泳缓冲液；反之则样本无法得到充分的分离。常见的做法是添加肉眼即可示踪的染料，如溴酚蓝和（或）二甲苯腈蓝。在电泳前将这类小分子阴离子染料与样本混合后一起上样。这些染料会在大多数蛋白质或核酸之前快速通过凝胶，实验人员可根据实验需求及时关闭电源并尽快分析（避免电泳后条带由于扩散变宽而降低分辨率）。

在蛋白质电泳后，为了确定蛋白质区带在凝胶上的最终位置，常结合染色实现区带的可视化。蛋白质染色最常用的染料是考马斯亮蓝（coomassie brilliant blue），使用时用 0.25%（*m/V*）的考马斯亮蓝水溶液浸泡凝胶染色，然后用 7%（*V/V*）的冰醋酸溶液反复洗涤凝胶脱去多余背景染料即可。也可以用水、甲醇、冰醋酸混合液（比例为 5∶5∶1）溶解考马斯亮蓝配制成 0.25%（*m/V*）的染液进行染色，随后用相同溶剂反复洗涤脱色。目前，这种传统但经典的脱色过程仍是实验室常用的手段，但相对费时。基于银盐（氨银或银钨硅酸复合物）的新型染料也得到了广泛应用，它们比考马斯亮蓝灵敏度高 10～100 倍。随着蛋白质组学的发展，定量蛋白质组和多重分析越来越流行，考马斯亮蓝染色及银染已经无法满足更高的要求。此时，作为更快、更灵敏的电泳后蛋白质检测手段，荧光染色技术的优势便凸显出来，较早开发且常用的两种荧光染料分别是荧光胺（fluorescamine）和苯胺基萘磺酸盐（anilinonaphthalene sulfonate）。目前市面上的蛋白荧光染料也根据用途分为不同的类别，包括总蛋白染料、磷酸化蛋白染料和糖基化蛋白染料等。

采用琼脂糖或聚丙烯酰胺凝胶分离核酸时，常使用上文中提到的荧光染料 EB 进行鉴定。该染料对 DNA 的检出限为 10 ng。但由于 EB 是一种强效的致突变剂，在实验操作时应始终佩戴手套，并且在实验后应对含有 EB 的凝胶进行专门的净化处理。当然，目前已有多家生产商开发出了集高灵敏、低毒性和超稳定于一身的极佳的荧光核酸凝胶染色试剂，可作为 EB 的替代品。

（四）分析

电泳技术根据待检生物分子电荷、大小和构象的差异对其进行分离，从中可以获得很多有价值的信息，如分子的纯度、特性和分子量。纯度往往通过染色后电泳图谱上区带的数量便可一目了然。若只检测到一条带，往往表示样本的组分是均一的；若测得两条或更多的区带，则表示样本中含有两种或多种组分，或者样本中混有其他杂质，即样本不纯。当然，这种说法也有例外，有时单一样本中也可能混有其他蛋白质或核酸杂质，但由于含量较低使得电泳后染色未能检出。偶尔也会在所谓的均一样本电泳图谱中看到两条或更多的区带，这很可能是由样本在电泳过程中降解所致。未知生物分子的特性分析可根据在一块凝胶上同时电泳的标准品来进行。这类似于气相色谱分析和高效液相色谱分析（见实验 31）的做法。此外，如前所述，蛋白质或核酸样本的分子量也可通过电泳确定，但需参照标准蛋白质或标准核酸的迁移率对其分子量的对数所做的标准曲线。

五、电泳技术的临床应用

目前电泳技术的应用对象主要是核酸和蛋白质这些生物大分子。在生物化学和分子生物学检测方法中，核酸的电泳检测通常与聚合酶链反应（polymerase chain reaction，PCR）配合使用，如在PCR 之前对所提取的待检 DNA 样本进行分析，在 PCR 之后对扩增产物进行鉴定等。但由于 PCR 技术的高灵敏度，其假阳性率较高，临床应用相对受限。因此核酸电泳在临床也难有用武之地。相反，蛋白质电泳分析是临床实验室必备的检测手段，其可全面精确地描绘出患者蛋白质的全貌，对疾病的早期诊断、疗效观察及预后判断具有非常重要的临床价值。根据使用的染料或者底物的不同，检验人员可以检测到不同类型的蛋白质，如血清蛋白、脂蛋白、各种酶类、血红蛋白、尿蛋白等，这使得电泳技术的应用范围已扩展到急慢性炎症、造血系统疾病、肾脏疾病、肝脏疾病、中枢神经系统疾病、遗传性疾病、代谢性疾病、心血管疾病、恶性肿瘤等各类常见疾病的临床检验中。

（杜　蓬）

实验 12　醋酸纤维素薄膜电泳法分离血清蛋白质

【实验目的】

（1）掌握血清蛋白质醋酸纤维素薄膜电泳的原理及实验方法。

（2）掌握血清蛋白质的电泳分类及其临床意义。

【实验原理】

带电粒子在电场作用下向着与其电荷相反的电极方向移动的现象称为电泳。血清中各种蛋白质的等电点都小于 7.0，若将血清置于 pH 8.6 的缓冲液中，则这些蛋白质均带负电荷，在电场中都向阳极泳动。由于各种蛋白质的等电点互不相同，因此在同一 pH 环境中各自所带电荷量不同，在电场中泳动速率也不同。此外，这些蛋白质的分子大小及形状也影响其在电场中泳动的速率。蛋白质分子量越小，所带负电荷越多，向阳极泳动越快，反之则越慢。本实验中，按泳动速率由快到慢，血清蛋白质中的白蛋白、α_1 球蛋白、α_2 球蛋白、β球蛋白、γ球蛋白五种蛋白质得以分离（表 2-18）。若采用血浆样本，还会分离出第六种蛋白质成分，即纤维蛋白原，其泳动速率介于β球蛋白和γ球蛋白之间。

表 2-18　人正常血清各蛋白质的等电点、分子量、迁移率及百分比

血清蛋白质	等电点	分子量	迁移率[cm^2/（V·s）]	占总蛋白质的百分比（%）
白蛋白	4.64	68 500	5.9×10^{-5}	57～72
α_1 球蛋白	5.06	200 000	5.1×10^{-5}	2～5
α_2 球蛋白	5.06	300 000	4.1×10^{-5}	4～9
β 球蛋白	5.12	90 000～150 000	2.8×10^{-5}	6.5～12
γ 球蛋白	6.85～7.30	156 000～950 000	1.0×10^{-5}	12～20

在一定范围内，蛋白质的含量与结合的染料量成正比，故可将各蛋白质区带剪下，分别用 0.4 mol/L NaOH 溶液浸洗下来，进行比色，测定其相对含量，也可将染色后的薄膜直接放入光密度仪中扫描，测定其相对含量。

【实验对象】

血清样本。

【实验试剂】

（1）巴比妥-巴比妥钠缓冲液（pH 8.6，离子强度 0.06 mol/L）：称取巴比妥钠（A.R.）12.76 g，巴比妥（A.R.）1.66 g，溶于双蒸水并稀释至 1000 mL，将溶液 pH 校至 8.6 后使用。

（2）染色液：称取丽春红 0.5 g，加入甲醇（A.R.）50 mL、冰醋酸（A.R.）10 mL，双蒸水 40 mL 混匀。

（3）漂洗液：取 95%乙醇溶液（A.R.）45 mL、冰醋酸（A.R.）5 mL、双蒸水 50 mL，混匀。

（4）洗脱液：0.4 mol/L NaOH 溶液（A. R.）。

【实验器材】

电泳仪、电泳槽、可见分光光度计、脱色摇床、pH 计、电吹风、醋酸纤维素薄膜（2 cm×8 cm）、人血清（新鲜且无溶血现象）、纱布、培养皿（直径 10 cm）、试管（1.5 cm×15 cm）及试管架、吸管（5 mL）、点样器（或载玻片）、染色缸、托盘、直尺、铅笔、镊子、剪刀、普通滤纸、5mL 吸量管、玻璃棒。

【实验方法与步骤】

1. 薄膜准备 醋酸纤维素薄膜呈白色，不透明，光面较毛面有光泽，干时脆，湿时有弹性。使用前，在薄膜毛面一端大约 1.5 cm 处用铅笔画一直线作为点样位置。然后将薄膜置于巴比妥缓冲液内，完全浸透至薄膜无白色斑点（约 30 min），备用。

2. 器材准备 制作“纱布桥”：剪裁尺寸合适的纱布，取双层附着在电泳槽的支架上，使它的一端与支架的前沿对齐，而另一端浸入缓冲液内。待缓冲液将纱布全部润湿后驱除气泡，使纱布紧贴在支架上，即成“纱布桥”，用以连接醋酸纤维素薄膜和两极缓冲液。

3. 点样 用镊子取出浸泡好的薄膜，夹在两片滤纸之间用手轻压，吸去薄膜表面多余的缓冲液。分清薄膜的光面和毛面，将毛面朝上。点样时应注意载玻片蘸取的样品量适当，不可过多，也可用玻璃棒蘸取少量血清将此血清均匀地涂在载玻片一端的界面上。点样采用“印章法”，将载玻片与桌面成约 45°夹角，使载玻片一端截面的一条棱向下，垂直点印在薄膜上的点样位置，并停留 2～3 s，让样品完全渗入膜内。

4. 平衡 点样完成后，将薄膜点样面朝下转移至电泳槽的“纱布桥”上。放置薄膜时应注意，手不可触碰点样面，点样端放在负极端，并且点样处不可搭在“纱布桥”上。放置好后还需要将膜条拉平整，排掉膜条与滤纸接触部位的气泡。然后平衡 5～10 min，至缓冲液将薄膜全部湿润。

5. 电泳 检查电泳槽正负极连接是否准确，随后打开电源开关，调节电压至 100～160 V，电流为 0.4～0.6 mA/cm。夏季电泳时间约 45 min，冬季电泳时间约 1 h，待样品区带展开至薄膜 2/3 处时，关闭电源，停止电泳。

6. 染色 用镊子小心取出薄膜，依次浸于丽春红染色液中染色 3～5 min。

7. 漂洗 准备两个托盘，装入漂洗液。从染色液中取出薄膜放入托盘中，在脱色摇床上漂洗 2 次，3 min/次，直至背景无色，再浸于双蒸水中。然后将漂洗干净的薄膜用滤纸吸干，此时可见界限清晰的 5 条区带，从正极端起依次为白蛋白（A）、α_1球蛋白、α_2球蛋白、β球蛋白及γ球蛋白。

8. 定量分析 取 6 支试管并编号，分别用吸量管量取 0.4 mol/L NaOH 溶液 4 mL 放入试管内。剪下薄膜上的各条蛋白质色带，另于空白部位剪一条大小相当的膜条作为空白对照，然后将 6 条色带分别浸泡于试管内，不时摇动，使膜条上的颜色完全洗脱。30 min 后将洗脱液置于 620 nm 波长处比色，分别读取各管的吸光度值并进行记录。

9. 计算 根据所测定的吸光度，分别计算 5 种组分蛋白质的相对百分含量及 *A*/*G* 值，计算方法如下：

（1）各组分蛋白质的相对百分含量（%）=（A_X/A_T）×100 （2.5）

式中，A_X为某组分蛋白质的吸光度；A_T为 5 种组分蛋白质的吸光度之和。

（2）A/G 值（A 为白蛋白的吸光度；G 为其余 4 种球蛋白的吸光度之和）。

【注意事项】

（1）在实验准备时，为了使薄膜吸水均匀，浸泡时最好让薄膜漂浮于缓冲液，让其吸满缓冲液后自然下沉。

（2）点样量要适宜，动作要轻且稳。

【临床意义】

（1）血清蛋白质正常范围：白蛋白 57%～72%、α_1 球蛋白 2%～5%、α_2 球蛋白 4%～9%、β球蛋白 6.5%～12%、γ球蛋白 12%～20%。

（2）正常人血清总蛋白质含量为 60～80 g/L，分为两部分：白蛋白（A）含量为 38～48 g/L，球蛋白（G）含量为 15～30 g/L，白球比值（A/G 值）为 1.5～2.5。

（3）血清蛋白中除了与免疫功能有关的γ球蛋白外，其他蛋白质均由肝脏合成。因此血清蛋白质电泳图谱是了解患者血清蛋白质全貌的有价值的方法，可用作慢性肝病或肝硬化的初筛试验。

在肝细胞受损时，血清白蛋白、α_1 球蛋白和α_2 球蛋白减少，同时受损肝细胞作为自身抗原刺激淋巴系统，使γ球蛋白增加，这是肝病患者血清蛋白电泳的共同特征。

轻症急性肝炎时电泳结果多无异常，病情加重后白蛋白、α球蛋白和β球蛋白减少，γ球蛋白增加。球蛋白增加的程度与肝炎的严重程度相关，如持续增高提示肝炎转化为慢性。

肝硬化时白蛋白中毒或者高度减少，α_1 球蛋白、α_2 球蛋白和β球蛋白也有降低倾向，γ球蛋白明显增加。肝细胞肝癌常与肝硬化并存，故蛋白质电泳图像和肝硬化相似，但常有α球蛋白升高，偶可见甲胎蛋白区带的出现。

【思考题】

（1）电泳的基本原理是什么？

（2）在本实验中，为什么需将血清样品点在薄膜条的负极端？

（3）血清与血浆样本电泳结果有何区别？有什么临床意义？

（杜　蓬）

实验 13　琼脂糖凝胶电泳法测定血浆脂蛋白

【实验目的】

（1）掌握琼脂糖分离脂蛋白的原理与基本过程。

（2）熟悉琼脂糖电泳后干燥的方法和区带电泳的保存方法。

（3）了解脂蛋白电泳区带的判断和脂蛋白电泳区带染色的方法。

【实验原理】

脂蛋白可以在不同的支持介质中电泳分离，最常见的是琼脂糖凝胶电泳。电泳后分离的脂蛋白应用脂溶性染料使脂质部分着色，可在电泳过程中观察分带情况，用光密度仪扫描得出各部分脂蛋白的相对比例。

【实验对象】

新鲜血浆。

【实验试剂】

（1）巴比妥缓冲液（pH 8.6，离子强度 0.045）：溶解巴比妥钠 7.13 g 于 500 mL 双蒸水中，以浓盐酸校正 pH 至 8.6，双蒸水定容至 1000 mL，4 ℃存放。

（2）5 g/L 琼脂糖：将 0.5 g 琼脂糖溶于 100 mL 上述缓冲液中，沸水浴加热溶解，混匀。

（3）固定液：无水乙醇 110 mL、双蒸水 80 mL、甘油 2 mL 混合均匀。

（4）苏丹红 7B 染液贮存液：225 mg 苏丹红 7B 溶于 946 mL 无水乙醇中，混合，放置过夜后才可使用。室温贮存。

（5）苏丹红 7B 染液应用液：在 200 mL 贮存液中加入 40 mL 0.1 mol/L NaOH 溶液，混匀后加入 8 滴 TritonX-100。现配现用。染过三块板后不能再使用。注意勿污染其他玻璃器材。

（6）脱色液：75%乙醇溶液。

【实验器材】

电泳仪、配备循环冷却水的电泳槽、玻璃板及加样槽（6 mm×1 mm）、微量移液器、鼓风干燥箱、电泳光密度扫描仪、pH 计、聚酯薄膜、1000 mL 容量瓶、滤纸式纱布。

【实验方法与步骤】

（1）在电泳槽中倒入巴比妥缓冲液，用滤纸或纱布搭桥。将薄膜按照玻璃板的大小剪好，调好水平台。

（2）琼脂糖加热溶解后均匀铺于水平台的玻璃板上（薄膜贴于玻璃板凝胶面），装好样品梳。待琼脂糖冷却凝固后，垂直拔出样品梳，即形成加样槽。

（3）在加样槽内用可调加样器加入新鲜血浆 10 μL。

（4）将加样后的琼脂糖板放入电泳槽内，两端边缘搭上浸湿的 2～4 层纱布或滤纸，注意与琼脂糖凝胶全范围密切接触。

（5）通电（8 V/cm）10 min。注意接冷却水。

（6）电泳后的琼脂糖凝胶放入固定液中 20 min，然后放入 80 ℃鼓风干燥箱中烘干。

（7）用苏丹红 7B 应用液染色 10 min。

（8）脱色液脱色至背景无色后自然干燥。

（9）以电泳光密度扫描仪在波长 570 nm 处扫描得各部分脂蛋白相对百分比。

【注意事项】

（1）为提高前 β 脂蛋白的分离效果，除保证血浆新鲜外，可在琼脂糖凝胶冷却至 50 ℃时加入 20%牛血清白蛋白溶液 200 μL。

（2）应根据具体情况确定电泳时的电压、电流大小和时间长短，一般以α脂蛋白带距离加样槽 2～3 cm 为宜。

（3）琼脂糖凝胶烘干后与薄膜结合为一体，烘烤时间不宜过长，烘干即可。

【临床意义】

正常成人血清脂蛋白电泳结果一般为空腹血标本乳糜微粒（阴性），各区带的浓度比是 β 脂蛋白≥α脂蛋白＞前 β 脂蛋白。异常脂蛋白血症分型应参考血脂及载脂蛋白测定结果。

【思考题】

（1）比较琼脂糖凝胶电泳与醋酸纤维素薄膜电泳。

（2）为何琼脂糖凝胶电泳的电渗现象不太明显？

（黄　桦）

实验 14　聚丙烯酰胺凝胶垂直板电泳分离血红蛋白

【实验目的】

（1）学习聚丙烯酰胺凝胶垂直板电泳原理。

（2）学习和掌握聚丙烯酰胺凝胶垂直板电泳分离鉴定蛋白质技术。

【实验原理】

聚丙烯酰胺凝胶是单体丙烯酰胺（Acr）和交联剂甲叉双丙烯酰胺（Bis）在加速剂四甲基乙二

胺（TEMED）和交联剂过硫酸铵（AP）或核黄素的作用下经过聚合交联形成的含有亲水性酰胺基侧链的脂肪族长链凝胶，其相邻的两个链通过甲撑桥交联形成三维网状结构。以此凝胶为支持介质的电泳称为聚丙烯酰胺凝胶电泳（PAGE）。其具有机械强度好、弹性大、透明、化学稳定性高、无电渗作用、设备简单、样品量小（1～100 μg）、分辨率高等优点，并可通过控制单体浓度或单体与交联剂的比例聚合成不同大小孔径的凝胶，可用于蛋白质、核酸等分子大小不同物质的分离、定性和定量分析，还可结合解离剂十二烷基硫酸钠（SDS）测定蛋白质亚基的分子量。

聚丙烯酰胺凝胶垂直板电泳由电极缓冲液、浓缩胶（stacking gel）及分离胶（resolving gel）组成。浓缩胶是由 AP 催化聚合而成的大孔胶，凝胶浓度（*T*）为 2%～3%，凝胶缓冲液为 Tris-HCl（pH 6.7）。分离胶是由 AP 催化聚合而成的小孔胶，凝胶浓度为 5%～10%，凝胶缓冲液为 Tris-HCl（pH 8.9）。将带有 2 层凝胶的玻璃板垂直放在电泳槽中，上样后在电极槽中加入 Tris-Gly 电极缓冲液（pH 8.3），接通电源即可进行电泳。在此电泳体系中，有 2 种孔径的凝胶、2 种缓冲体系、3 种 pH，因而形成了凝胶孔径、pH、缓冲液离子成分的不连续性，这是样品浓缩的主要因素（图 2-4，图 2-5）。PAGE 具有较高的分辨率，其在电泳体系中集样品浓缩效应、分子筛效应及电荷效应为一体，故现广泛用于科研、农业、医学及临床诊断的分析，如蛋白质、酶、核酸、血清蛋白、脂蛋白及病毒、细菌提取液的分离等。

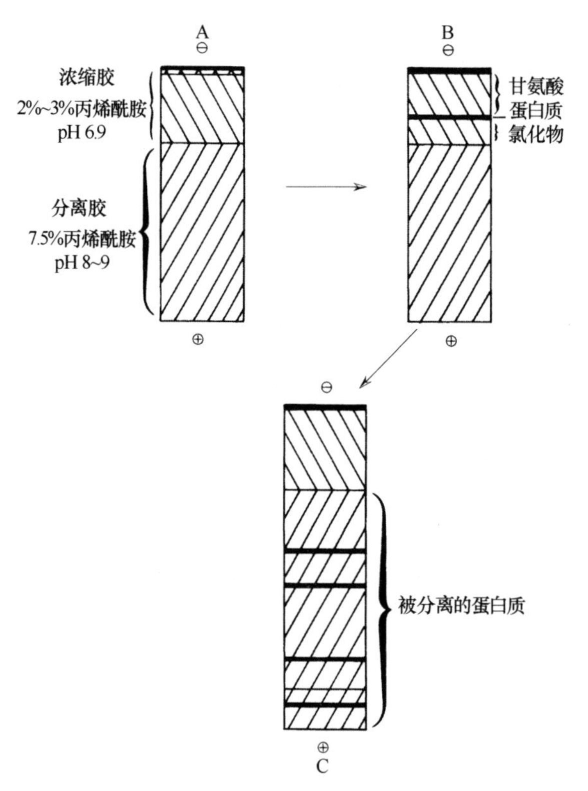

图 2-4 电泳过程示意图

A. 电泳前；B. 氯化物、甘氨酸和蛋白质在浓缩胶中移动；C. 蛋白质样品在分离胶中被分离

【实验对象】

纯化的血红蛋白、分子量标准蛋白。

【实验试剂】

（1）分离胶贮液（30% Acr - 0.8% Bis）：称取丙烯酰胺 30 g 及甲叉双丙烯酰胺 0.8 g，用双蒸水溶解并稀释至 100 mL，贮于棕色瓶中于 4 ℃保存。

（2）10%过硫酸铵（AP）溶液：称取 AP 0.5 g，加双蒸水 5 mL 混匀，贮于 4 ℃。

（3）TEMED。

（4）10%SDS 溶液，称取 SDS10g，加双蒸水 100 mL 混均，贮室温。

（5）分离胶缓冲液（3.0 mol/L、pH 8.8 的 Tris-HCl 缓冲液）：取 1 mol/L HCl 溶液 48 mL、Tris 36.6 g，加双蒸水至 80 mL 混匀溶解，调节 pH 至 8.8，然后用双蒸水稀释至 100 mL，贮于棕色瓶中，于 4 ℃保存。

（6）浓缩胶缓冲液（0.5 mol/L、pH 6.8 的 Tris-HCl 缓冲液）：取 1 mol/L HCI 溶液 48 mL，Tris 5.98 g，加双蒸水至 80 mL 混匀溶解，调节 pH 至 6.7，用双蒸水稀释至 100 mL，贮于棕色瓶中，于 4 ℃保存。

（7）pH 8.3 的 Tris-Gly 电极缓冲液：称取 Tris 6 g、甘氨酸 28.8 g，加双蒸水 850 mL 混匀溶解，调节 pH 至 8.3，然后加双蒸水到 1000 mL，贮于 4 ℃。

（8）上样缓冲液：取浓缩胶缓冲液 6.25 mL、蔗糖 10 g、SDS 2.3 g、1 g/L 溴酚蓝 10 mL，加双蒸水混合溶解至 100 mL。

（9）考马斯亮蓝 R250 染色液：称取考马斯亮蓝 R250 125 mg，加 50%甲醇溶液 227 mL，冰醋酸 23 mL，过滤后备用。

（10）考马斯亮蓝脱色液：取冰醋酸 7.5 mL、甲醇 5 mL，加双蒸水至 100 mL。

（11）1g/L 溴酚蓝。

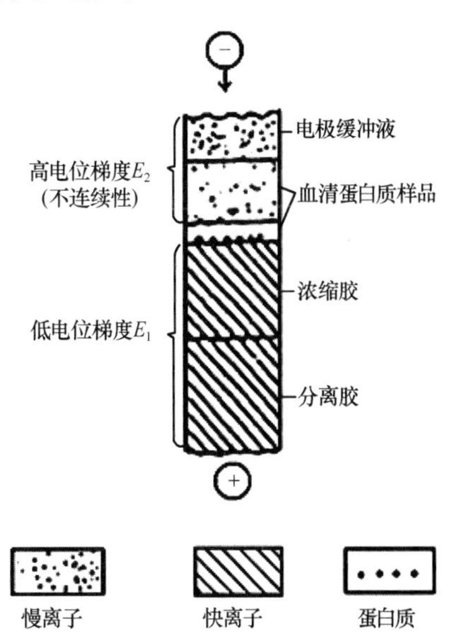

图 2-5　不连续系统浓缩效应示意图

【实验器材】

垂直板电泳装置、电泳仪、恒温水浴锅、制胶架、移液器、移液管、烧杯、培养皿、胶头滴管、1 mL 注射器、滤纸、微量注射器、离心管、不锈钢药匙。

【实验方法与步骤】

1. 安装　安装垂直平板电泳胶模并将其固定于电泳槽中。

2. 电泳凝胶制备

采用垂直板电泳槽凝胶模具制备凝胶。

（1）分离胶的制备：见表 2-19。

表 2-19　10%分离胶的制备

试剂名称	10 mL10%分离胶所需的试剂量（mL）
双蒸水	4.0
分离胶贮液（30% Acr - 0.8% Bis）	3.3
分离胶缓冲液（3.0mol/L pH 8.8 的 Tris-HCl 缓冲液）	2.5
10% SDS 溶液	0.1
10% AP 溶液	0.1
TEMED	0.004

混匀后用细长头滴管将凝胶溶液加于长短玻璃板间的缝隙内，直至距样品模板梳齿下缘约 1 cm。用 1 mL 注射器取少量双蒸水，沿长玻璃板的板壁缓慢注入，至 3～4 mm 高，以进行水封。室温下静置 30～60 min，当凝胶完全聚合时，可看到一清晰的胶水界面。倾去水封层的双蒸水，再用滤纸条吸去多余水分。

（2）浓缩胶的制备：见表 2-20。

表 2-20　5%浓缩胶的制备

试剂名称	5 mL 5%分离胶所需的试剂量（mL）
双蒸水	3.4
分离胶贮液（30% Acr - 0.8% Bis）	0.83
分离胶缓冲液（3.0mol/L pH 8.8 Tris-HCl 缓冲液）	0.63
10% SDS 溶液	0.05
10% AP 溶液	0.05
TEMED	0.005

混匀后用细长头滴管将浓缩胶加到已聚合的分离胶上方，直至距离短玻璃板上缘约 0.5 cm 处，轻轻将样品模板槽插入浓缩胶内，约 30 min 后凝胶聚合，再放置 20～30 min 后小心拔去样品模板槽，用滤纸条吸去多余水分，将 pH 8.3 的 Tris-Gly 电极缓冲液倒入上下贮槽中（高于短板 0.5 cm 以上）。

3. 样品预处理及加样　根据分子量标准蛋白质试剂盒的要求加上样缓冲液；血红蛋白样品按 0.5～1 mg/mL 加上样缓冲液，溶解后转移至小离心管中，轻轻盖上盖子，在沸水浴中保温 3 min，取出后冷却加样。

在不同的加样槽中分别加入血红蛋白样本及已知分子量的标准混合蛋白质各 10 μL。加样时，用微量注射器的针头伸入加样槽内，尽量接近底部，轻轻推动微量注射器，注意针头勿碰破胶面，如样品槽中有气泡，可用注射器针头排除。

4. 电泳　上槽接负极，下槽接正极，调电压为 80 V/cm，开始电泳，当指示染料溴酚蓝进入分离胶后，将电压增加到 120 V/cm，继续电泳直至染料抵达距分离胶下端约 1 cm 处，停止电泳，断开电源。

5. 考马斯亮蓝 R250 染色　电泳结束后，取出电泳胶模，移去硅胶框，用不锈钢药匙轻轻将一块玻璃板撬开移去，在胶板一端切除一角作为标记，将胶板移至大培养皿中。精确量取并记录凝胶长度（分离胶）和指示染料的迁移距离（分离胶上缘到染料条带中心的距离）。然后将凝胶板浸入考马斯亮蓝染色液 15 min 左右，再用脱色液脱色，至背景无色为止。

6. 标准曲线的绘制及血红蛋白分子量的测定　精确量取并记录染色后凝胶长度、各标志蛋白质和血红蛋白区带的迁移距离（分离胶上缘到各蛋白质区带中心）。按下式计算各蛋白质的相对迁移率（R_m 值）：

$$R_m = \frac{\text{蛋白质染色区带迁移距离} \times \text{染色前凝胶的长度}}{\text{指示染料的迁移距离} \times \text{染色后凝胶的长度}} \tag{2.6}$$

以标准蛋白质的相对迁移率为横坐标，标准蛋白质分子量为纵坐标在半对数坐标纸上作图，得标准曲线。根据血红蛋白相对迁移率可直接在标准曲线上查出其分子量。

【注意事项】

（1）丙烯酰胺有神经毒性，可经皮肤、呼吸道等吸收，操作时要注意防护。

（2）蛋白质加样量要合适：加样量太少，条带不清晰；加样量太多，条带过宽而重叠。

（3）AP 溶液最好为当天配制，若冷藏也不宜超过一周。

（4）聚丙烯酰胺凝胶配制过程要迅速，灌胶一次性完成，避免产生气泡。如有气泡，可用注射器针头挑除。

【临床意义】

（1）血红蛋白（Hb）是高等生物体内负责运载 O_2 和 CO_2 的一种蛋白质，是由四个亚基构成的四聚体（$\alpha_2\beta_2$），每个亚基由一条肽链和一个血红素分子组成。

（2）正常成人血红蛋白参考值：男性 120～160 g/L，女性 110～150 g/L。

（3）血红蛋白是红细胞（RBC）内的主要成分，正常情况下人体每天约有 1/120 的 RBC 衰亡，同时约有相同数量的 RBC 生成，两者保持动态平衡。临床上有多种原因可使该平衡破坏，导致 RBC 与 Hb 的数量或质量发生改变。

成年男性 Hb 小于 120 g/L、成年女性 Hb 小于 110 g/L 为贫血。

儿童生长发育迅速致造血原料相对不足、妊娠中后期孕妇造血原料相对不足且血容量相对增加、老年人骨髓造血功能下降，这些人群所出现的轻度贫血属于生理性贫血，对症治疗即可获得改善。

临床上出现病理性贫血主要有以下三个原因：①RBC 生成减少，如缺铁性贫血、叶酸及维生素 B_{12} 缺乏所致的巨幼红细胞性贫血、再生障碍性贫血、骨髓纤维化伴发的贫血等；②RBC 破坏过多，如遗传性球形红细胞增多症、地中海贫血（珠蛋白生成障碍性贫血）、阵发性睡眠性血红蛋白尿、免疫性溶血性贫血、化学和生物因素引起的溶血性贫血等；③失血过多，各种原因造成的急性或慢性失血，如外伤、手术、消化性溃疡等。

【思考题】

（1）本实验如何去除蛋白质间的电荷效应？

（2）在不连续体系 SDS-PAGE 中，分离胶与浓缩胶中均含有 TEMED 和 AP，试述其作用。

（3）为什么要在样本中加溴酚蓝和蔗糖溶液？溴酚蓝和蔗糖溶液的作用分别是什么？

（罗　艳）

第三节　分光光度技术

一、分光光度技术的基本原理

白光通过含有有色物质的溶液时，由于可见光区内某些波长的光线被吸收，投射的光线使溶液有了颜色。以核黄素对光线的吸收为例，核黄素吸收了可见光区（400～700 nm）的蓝光而呈黄色，它对紫外区（200～400 nm）260 nm 和 370 nm 的光线也有吸收。物质对光线的吸收可用特殊的仪器，如光电比色计和分光光度计等记录下来，进行定性或定量的分析，这就是光度分析法。

光电比色计是利用被测物质的有色溶液对某一特定波长的光谱具有定量吸收的特性，将被吸收的光谱按不同强度转变为相应的电能，再以适当的方式（仪表指示或数码）显示出来，由此对物质进行定量分析。光电比色计测定的条件是在可见光范围，要求测定物为有色物或经过一定的化学处理，使无色的测定物变为有色化合物。

各种分光光度计采用适当的光源、单色器（如棱镜）和适当的光源接收器，可使溶质浓度的测定范围不仅仅局限于可见光，还可扩大到紫外光区和红外光区。经单色器得到的光源虽然不是纯的单色光，但波长范围狭窄，更符合朗伯-比尔（Lambert-Beer）定律，使分光光度计的灵敏度大为提高。

由于光度分析具有较高的灵敏度，测定程序简单快速，一般所用仪器也较简单，故光度分析是生物化学实验中最为常用的分析方法。

Lambert-Beer 定律：设一束波长为 λ 的光通过一浓度为 c、厚度为 b 的样品，入射光强 I_0 与投射光强 I 之间的关系可以用下式表示。

$$I=I_0 10^{-Ecb} \tag{2.7}$$

此关系即称为 Lambert-Beer 定律，其表明投射光强度 I 和入射光强度 I_0 成正比，和浓度 c 及厚度 b 的 10^{cb} 成反比。

式（2.7）中，E 称为样品对波长为 λ 的光的吸光系数。它是物质的常数，若 E 越大，表示样品吸收波长为 λ 的光的能力越大。若 c 以 mol/L 为单位，b 以 cm 为单位，此时 E 记作 ε，称摩尔吸光系数，它是物质分子吸收波长为 λ 的光的能力大小的量度。

习惯上将投射光强与入射光强之比称为透光度 T。

$$T=I/I_0=10^{-\varepsilon cb} \tag{2.8}$$

$$-\lg T=\lg I_0/I=\varepsilon cb \tag{2.9}$$

将$-\log T$称为吸光度A，它代表了溶液对单色光λ的吸收程度。这样，溶液的浓度与吸光度和透光度的关系如下式所示。

$$A=\lg I_0/I=-\lg T=\varepsilon cb \tag{2.10}$$

国际纯粹化学与应用化学联合会为统一吸收光度学的名称，提出国际统一的有关名称的建议，现列如下。

在光电比色或分光光度仪器的读数标尺上，除有吸光度的读数外，还刻有 100 等分格作为透光度读数，并将 I_0 人为地调节至读数“100”（吸光度“0”）处，这样，透射光强度可以用百分透光度来表示。此时吸光度和百分透光度之间的换算关系如下所示。

$$A=\lg I_0/I=2-\lg(100\times T) \tag{2.11}$$

例如，当 T=10%时，A=2−lg（100×10%）=2−lg10=1；当 T=100%时，则 A=2−lg（100×100%）=2−lg100=0。

二、分光光度计的使用

（一）721 型分光光度计

721 型分光光度计的光谱范围在 390～800 nm，所用部件均在一部主机里，操作方便，灵敏度较高。其以 12 V、25 W 白炽钨丝灯泡为光源，经透镜聚光后射入单色光器内，再经棱镜色散后反射到准直镜，穿狭缝得到波长范围更窄的光波，其作为入射光进入比色杯，透出的光波被受光器光电管接受，产生光电流，再经放大，在微安表上反映出电流大小，可直接读出吸光度。

此仪器的受光器是光电管。光电管的阴极表面（光电面）有一层对光灵敏的物质，当光照射到光电管后，会发射出光电子，此光电子向阳极运动，形成光电流。光电管灵敏度虽比光电池小，但经光电管出来的光电流可以放大，而经光电池出来的光电流不易放大，并且光电池易疲乏，故较高级的分光光度计均采用光电管作为出射光线的受光器。

使用方法：接通电源，打开比色箱盖，使检流计指针处于“0”位，预热 10 min，用波长调节器选择所需的波长。将空白液、标准液和测定液分别装入比色杯内，注意不可装得太满，液面距杯口约 1 cm，不可将比色液洒在仪器表面，也不可将盛有比色液的杯子放在仪器上。将比色杯擦干后置于比色槽中，再放入比色箱内，放妥盖好，此时空白液应在光路上，光电管感光。旋转光量调节器，使检流计指针正确指在透光度“100%”或吸光度“0”上。轻轻拉动比色槽拉杆，使其前后轻轻推动一下，以确保定位精确。最后再次拉动拉杆，使空白液再次被置于光路上，检查检流计指针位置有无变动，比色毕，立即打开比色箱盖，以保护光电管。更换比色液时，只需将比色液倒净，把比色杯放在吸水纸上沥干，即可使用。使用时可根据不同波长、光量分别选用放大器灵敏度档。当空白液处于光路上时，可以利用光量调节器将吸光度调整到“0”。其灵敏率范围是第一档×1 倍，第二档×10 倍，第三档×20 倍。使用完毕，将比色杯冲洗干净，并检查仪器，不使比色液污损仪器内外。

（二）722 型分光光度计

722 型分光光度计以 20 W、12 V 卤素灯为光源，采用衍射光栅单色器，能自动调零，自动调 100%T，在 340～1000 nm 波长范围内执行透射比，直读测定吸光度和浓度。

使用方法：接通电源，打开比色箱盖，开机预热 30 min。使用仪器面板上方的波长调节钮设定测试波长。将空白液、标准液和测定液分别倒入比色杯内，注意液面距杯口约 1 cm，拭净比色杯后，将其置于比色槽中，用比色槽拉杆使空白液置于“0”位，即对应于拉杆推向最内为 0 位，标准液或测定液依次为 1 位、2 位、3 位，相对应的，拉杆依次向外拉出为 1 位、2 位、3 位，拉杆拉出时有定位感，到位时再前后轻轻推拉一下，以确保定位准确。校正基本读数标尺两端：粗调

100%*T*，将空白液置于光路中，盖上比色箱盖（此时光门打开），按 100%键，即能自动调整 100%*T*。打开比色皿箱盖（此时光门关闭），按 0%键，即能自动调整零位。调整 100%*T*，重复操作，以正确进入测试状态。按模式键，置标尺为“吸光度”。拉比色槽拉杆，使被测液依次置入光路，依次读出相应吸光度。使用完毕，将比色杯冲洗干净，并检查仪器，不使比色液污损仪器内外。

（三）751 型分光光度计

751 型分光光度计的光谱范围为 200～1000 nm，可测定各种物质在紫外区、可见光区及红外区的吸收光谱。在波长 300～1000 nm 范围内用白炽钨丝灯作光源，在 200～320 nm 范围内用氢弧灯作光源。光学系统中的棱镜及透镜由石英制作，可见光及紫外线很少被吸收，适于紫外线通过，光量可通过狭缝宽度在 0～2 nm 连续调节。光电管暗盒内装有蓝敏光电管，适用于波长 200～625 nm；还有红敏光电管，适用于波长 625～1000 nm。

使用方法：先接通电源，预热 10 min。选择相当于波长的光源、比色杯及光电管。灵敏度旋钮则从左面“停止”位置顺时针方向旋转 3～5 圈。将选择开关旋至“校正”处，波长旋钮转到所需波长，调节暗电流使检流计指针位于“0”。将空白液及标准液和测定液分别装入比色杯，置于比色槽中，放入比色箱。先使空白液对准光路，扳动选择开关到“×1”，拉动匣门，使单色光进入光电管。调节狭缝，使检流计指针回到“0”位，必要时用灵敏度旋钮调节。轻轻拉动比色槽拉杆，使其他比色杯依次位于光路上。每次皆旋转读数电位器，使检流计指针回到“0”位，同时从电位器上读取吸光度或透光度。随即关掉匣门，以保护光电管。透光度小于 10%时，可选用“×0.1”的选择开关，以便获得较准确的数值。但读出的透光度要除以 10，相应地，吸光度要加上 1。

三、分光光度法中的定量分析方法

许多对光有吸收的物质都可以直接用光度法进行定量分析。许多对光（包括紫外光、可见光或近红外光）无吸收的物质也可通过和某些化学试剂作用而呈色，在一定的反应条件下和一定的浓度范围内，溶液颜色的深浅（对光吸收的程度）和该溶液中显色物质的浓度成正比，因而也可进行定量的光度分析，又称比色分析。

（一）单色波长的选择

使用光度法测定溶液中物质的含量，首先要选择最适单色波长，因为只有以能被溶液吸收的光束作为入射光才能符合 Lambert-Beer 定律。光电比色计上的滤光片、分光光度计上的色散棱镜或衍射光栅都是从混合光中取得适宜的具有一定波长的单色光束。测定有色物质时，不同颜色的待测溶液应选择不同波长的单色光束。光电比色计则是选择不同颜色的滤光片，选择的原则是光的互补色关系。

使用分光光度计时，单色波长的选择原则一般是使被测溶液的单位浓度的吸光度变化最大，同时还要具有最小的空白及干扰读数，借以获得最高的灵敏度和最小的误差。最理想的办法是对每种物质的测定都应先作出它的光谱吸收曲线及有关干扰物质的吸收曲线，根据这些光谱吸收曲线选择最佳测定波长。表 2-21 可供波长选择时参考。

表 2-21　滤光片和测定波长的选择

待测溶液颜色	选用滤光片颜色	选用测定波长范围（nm）	待测溶液颜色	选用滤光片颜色	选用测定波长范围（nm）
绿	紫	400～420	青紫	绿带黄	540～560
绿带黄	青紫	430～440	蓝	黄	570～600
黄	蓝	440～450	蓝带绿	橙红	600～630
橙红	蓝带绿	450～480	绿带蓝	红	630～760
红	绿带蓝	490～530			

（二）利用标准管计算测定管含量

最适波长或滤光片选定以后即可进行溶液物质含量的测定，通常都采用对比测定法，即以已知精确含量的待测物质的溶液作为参考标准物质，和未知待测样品用同一方法，在同一条件下同时进行测定，读取标准物质的吸光度（A_s）和未知含量的样品吸光度（A_u），由于标准物质和未知物质是同一物质，其摩尔吸光率（ε）相同且进行测定用的比色杯径长（b）相同，根据 $A=\varepsilon cb$，可得

$$\frac{A_s}{A_u}=\frac{c_s}{c_u}\text{，即 } c_u=\frac{A_u}{A_s}\times c_s \tag{2.12}$$

式中，c_s 为标准管中物质的实际含量，是标准液的浓度与实际用量的乘积；c_u 是测定管中物质的实际含量，应换算为法定单位（mmol/L）或临床习惯使用的单位。以血糖测定为例，标准液浓度为 1 mg/mL，测定用量为 0.1 mL，血清样品用量 0.1 mL，测定计算式应为

$$\frac{A_u}{A_s}\times 1\ \text{mg/mL}\times 0.1\ \text{mL}\times\frac{100\ \text{mL}}{0.1\ \text{mL}}\times\frac{10}{180}=\text{mmol/L，或}\frac{A_u}{A_s}\times 100=\text{mg/dL} \tag{2.13}$$

由于在有些溶液中，若浓度改变，溶液的电离、解离或聚合的程度也随之改变，因此 Lambert-Beer 定律并非适用于一切溶液，对某些物质来说，样品浓度和标准液浓度相距越远，其变异系数也越大。而人体内各种被测物质的含量又都有一个生理的波动范围，并且病理变化范围也各有不同，因此所用标准物必须选用一个最适宜的浓度，以使测定结果的系统误差最小。一般所用标准物的浓度都选在平均值的附近，但这仍不能改变与标准液浓度相差较大的样品的误差问题。为解决这一问题，采用双标准法，即使用两个不同浓度的标准液，一个为高浓度标准液，一个为低浓度标准液，使被测样品的浓度介于两者之间。这样，对于被测物含量的生理波动呈正态分布的指标来说，可以使接近以上两点浓度的测定数值误差较小，但与两点浓度相距较大的样品或病理指标增高或减少的样品，其误差仍难解决。为更好地解决这一问题，较理想的办法是利用一系列不同浓度的标准液，做出一个标准曲线。

（三）标准曲线制作

1. 作图法 选择适当浓度范围的标准液，做至少 6 个不同浓度的稀释，一般认为，标准液曲线范围在测定物浓度的 0.5~2 倍，并使吸光度在 0.05～1.0 为宜。此外，标准曲线制作和测定管的测定应在同一仪器上进行。按照规定测定方法，取各不同浓度的标准液进行测定，为减少器材及操作误差，最好同时做 2 份或 3 份，即每个浓度的标准液同样做 2 管或 3 管。选用适当波长的光束在分光光度计上比色，分别读取各管的吸光度。以标准液的浓度为横坐标并标明单位，以各管相应的吸光度为纵坐标，在标准方格纸上标出各坐标点，再用直线（或曲线）连接各点，可以不通过所有的实测点，但要求线两旁偏离的点分布较均匀，并通过原点，即称为标准曲线。

如果标准曲线的高端向下弯曲，则说明弯曲部分的吸光度与标准物浓度已不符合比尔（Beer）定律，应尽量利用其直线部分。

2. 直线回归方程计算法 从标准液浓度选点到比色这一过程同前，已知浓度为 x，相应的吸光度为 y，比色结果按式（2.14）进行计算。

$$a=\bar{y}-b\bar{x} \tag{2.14}$$

式中，$\bar{y}$ 为吸光度的平均值；$\bar{x}$ 为浓度的平均值；a 为截距；b 为斜率。

$$b=\frac{n\sum xy-\sum x\sum y}{n\sum x^2-(\sum x)^2} \tag{2.15}$$

即得直线回归方程式：$y=a+bx$ （2.16）

实际工作中，比色测定所得数据为吸光度（y），根据吸光度再计算出浓度（x），其计算式为

$$x=\frac{y-a}{b} \tag{2.17}$$

计算出 a、b 以后，选定实验工作中所需要的范围，由式（2.17）即可得到各不同吸光度时所测物质的相对含量。

利用摩尔吸光率 ε 所用的相同的实验条件测定液径长为 1 cm 时的吸光度（最好取 2 个或 2 个以上不同的浓度点），根据式（2.18）可求出测定液中物质的浓度。

$$c=\frac{A}{\varepsilon} \tag{2.18}$$

此计算式常用于紫外吸收法，如蛋白质溶液含量测定。因蛋白质在波长 280 nm 下具有最大吸收峰，利用已知蛋白质在 280 nm 时的摩尔吸光率，读取待测蛋白质溶液吸光度，即可算出蛋白质的浓度。

3. 定性的光度法分析　以不同波长的单色光作为入射光，测定某一溶液的吸光度，然后以入射光的不同波长为横轴，各相应的吸光度为纵轴作图，可得到溶液的吸光光谱曲线。其和分子结构有严格的对应关系，故可作为定性分析的依据。不同的物质，分子结构不同，其吸收光谱曲线也有特殊形状。许多动植物组织中所含组分用化学方法不易分离，此组分可借助光度法测出不同的吸收光谱曲线，用以确定几种组分的性质和含量，此方法的优点是光电比色法不可比拟的。分光光度计波长范围较大（200～1000 nm），因此既可用于可见光，也可用于紫外光或红外光的吸光度测定；此外，光度法可利用物质特有的吸收光谱曲线进行定性定量，因此测定物质既可为有色物，也可为无色物，从而使测定手续简化，有时标本还可回收，减少消耗。

四、分光光度技术的临床应用

物质的最大吸收波长和最强吸收波长是鉴定物质的依据。分光光度法灵敏度高、取样量少，因此被广泛应用于各领域。其在临床生物化学检验中主要用于糖类、胺类、甾族化合物、DNA 与 RNA、酶与辅酶、维生素等物质的测定。

（一）测定溶液中物质的含量

可见或紫外分光光度法都可用于测定溶液中物质的含量。其方法是测定标准溶液和未知液的吸光度并进行比较。由于所用吸收池的厚度是一样的，也可以先测出不同浓度标准液的吸光度，绘制标准曲线，在选定的浓度范围内标准曲线应该是一条直线，然后测定未知液的吸光度，即可从标准曲线上查到其对应的浓度。含量测定时所用波长通常要选择被测物质的最大吸收波长，这样可以避免其他物质的干扰并且灵敏度较高，物质在含量上的稍许变化即引起较大的吸光度差异。

（二）用紫外光谱鉴定化合物

各种波长不同的单色光分别通过某一浓度的溶液，测定此溶液对每一种单色光的吸光度，然后以波长为横坐标，以吸光度为纵坐标绘制吸光度-波长曲线，此曲线即吸收光谱曲线。每种物质都有其一定的吸收光谱曲线，因此用吸收光谱图可以进行物质种类的鉴定。一定物质在不同浓度时，其吸收光谱曲线中的峰值大小不同，但形状相似，即吸收高峰和低峰的波长是一定不变的。紫外线吸收是由不饱和结构造成的，含有双键的化合物表现出吸收峰。同一种物质的紫外吸收光谱应完全一致，但具有相同吸收光谱的化合物其结构不一定相同。除特殊情况外，不能单独依靠紫外吸收光谱决定一个未知物的结构，必须与其他方法配合。紫外吸收光谱分析主要用于已知物质的定量分析和纯度分析。

（三）比较最大吸收波长吸收系数的一致性

由于紫外吸收光谱只含有 2～3 个较宽的吸收带，而紫外光谱主要是分子内的发色团在紫外区产生的吸收，与分子和其他部分关系不大。具有相同发色团的不同分子结构在较大分子中不影响发色团的紫外吸收光谱，不同的分子结构可能有相同的紫外吸收光谱，但它们的吸收系数是有差别的。如果分析样品和标准样品的吸收波长相同，吸收系数也相同，则可认为分析样品与标准样品为同一物质。

（四）纯度检验

紫外吸收光谱能测定化合物中微量的具有紫外吸收的杂质，如果化合物的紫外-可见光区没有明显的吸收峰，而它的杂质在紫外区内有较强的吸收峰，就可以检测出化合物中的杂质。

（五）氢键强度的测定

不同的极性溶剂产生氢键的强度也不同，可以利用紫外吸收光谱来判断化合物在不同溶剂中氢键的强度，以确定选择哪一种溶剂。

（六）络合物组成及稳定常数的测定

金属离子常与有机物形成络合物，多数络合物在紫外可见光区是有吸收的，可以利用分光光度法来研究其组成。

（徐　煌）

实验 15　紫外光吸收法测定蛋白质浓度

【实验目的】

（1）掌握紫外光吸收法测定蛋白质浓度的原理和实验方法。

（2）熟悉紫外可见分光光度计的使用。

【实验原理】

蛋白质中存在含有共轭双键的酪氨酸和色氨酸，因此蛋白质具有吸收紫外光的性质，最大吸收峰位于 280 nm 波长处。在最大吸收波长处，蛋白质溶液的吸光度与蛋白质溶液的浓度成正比，故可用紫外可见分光光度计测定蛋白质的浓度。

【实验对象】

待测样本可以用酪蛋白配制，也可用蛋清或牛血清蛋白稀释液。

【实验试剂】

蛋白质标准溶液（1 mg/mL）、0.15 mol/L NaCl 溶液。

【实验器材】

紫外可见分光光度计、试管（1.5cm×15cm）和试管架、移液器、坐标纸。

【实验方法与步骤】

制作标准曲线。取 8 支试管，按表 2-22 进行操作。

表 2-22　蛋白质样本的制作

试剂	试管号							
	1	2	3	4	5	6	7	8
蛋白质标准溶液（mL）	—	0.5	1.0	1.5	2.0	2.5	3.0	4.0
0.15mol/L NaCl 溶液（mL）	4.0	3.5	3.0	2.5	2.0	1.5	1.0	—
蛋白质浓度（mg/mL）	—	0.125	0.250	0.375	0.500	0.625	0.750	1.00

混匀后，选用 1 cm 的石英比色杯，在 280 nm 处以第 1 管调零，分别测定各管吸光度值。以吸

光度值为纵坐标，蛋白质浓度为横坐标，绘制出 280 nm 处血清蛋白质标准曲线。取待测样品直接比色读取吸光度，根据标准曲线查出待测样本的蛋白质浓度。

【注意事项】

（1）本实验需用石英比色杯，使用紫外可见分光光度计前需对其进行波长校正。

（2）待测样品的浓度应控制在 15～25 g/L。

（3）需注意溶液 pH，因为蛋白质的紫外吸收峰会随 pH 的改变而发生变化。

（4）由于生物样品中常混有核酸，核酸对紫外光也有吸收，但其峰值在 260 nm 附近，故常用以下经验公式计算蛋白质浓度。

Lowry-Kalckar 公式：

$$蛋白质浓度（g/L）=1.45A_{280}-0.74\,A_{260} \quad (2.19)$$

Warburg-Christian 公式：

$$蛋白质浓度（g/L）=1.55A_{280}-0.76\,A_{260} \quad (2.20)$$

（5）本方法受非蛋白质因素干扰较重，除核酸外，游离的色氨酸、酪氨酸、尿酸、核苷酸、嘌呤、嘧啶和胆红素等均对其有干扰。

【思考题】

（1）紫外光吸收法测定蛋白质浓度的原理是什么？

（2）紫外光吸收法测定蛋白质浓度的影响因素有哪些？

（徐银海）

实验 16 双缩脲法测定蛋白质的浓度

【实验目的】

（1）掌握双缩脲法测定蛋白质浓度的原理和实验方法。

（2）熟悉分光光度计的使用。

【实验原理】

蛋白质中的肽键在碱性溶液中能与 Cu^{2+}作用生成稳定的紫红色络合物，此过程称为双缩脲反应。肽键的结构类似于双缩脲，凡具有两个酰胺基或两个直接连接的肽键，或通过一个中间碳原子相连的肽键的化合物都具有双缩脲反应。蛋白质是由氨基酸通过肽键连接组成的，所以具有双缩脲反应。产物颜色的深浅与蛋白质浓度成正比，而与氨基酸成分无关。产物在 540 nm 波长处有吸收峰。

【实验对象】

血清样本。

【实验试剂】

（1）双缩脲试剂：称取 1.5 g 硫酸铜（$CuSO_4·5H_2O$）、6 g 酒石酸钾钠（$NaKC_4H_4O_6·4H_2O$）和 1 g 碘化钾，溶于 500 mL 双蒸水，搅拌下加入 300 mL 10%的 NaOH 溶液，最后用双蒸水定容至 1000 mL，置于棕色塑料瓶中避光保存。如出现红色沉淀，需重新配制。

（2）60～70 g/L蛋白质标准液。

（3）10% NaOH溶液。

（4）双蒸水。

【实验器材】

可见分光光度计、试管（1.5cm×15cm）和试管架、移液管、微量移液器、微量移液器吸头。

【实验方法与步骤】

1. 反应　按表 2-23 操作。

表 2-23　双缩脲法测定血清总蛋白的操作步骤　（单位：mL）

加入物	空白管	标准管	测定管
血清	—	—	0.10
蛋白质标准液	—	0.10	—
双蒸水	0.10	—	—
双缩脲试剂	5.0	5.0	5.0

混匀后，于 25℃反应 30 min 或于 37℃反应 10 min，然后用空白管调零，在波长 540 nm 处比色，测定各管的吸光度。

2. 结果计算

$$血清总蛋白浓度(g/L)=\frac{测定管吸光度}{标准管吸光度}\times 标准管浓度 \tag{2.21}$$

【注意事项】

（1）黄疸、严重溶血、葡聚糖、酚酞及溴磺酞钠对本法有明显干扰，可设标本空白管消除其干扰。

（2）严重脂血会干扰比色，可采用下述方法消除：取 2 支带塞试管或离心管，各加待测血清 0.1 mL，再加双蒸水 0.5 mL 和丙酮 10 mL，塞紧并颠倒混匀 10 次后离心，弃上清液，将试管倒立于滤纸上吸去残余液体，向沉淀中分别加双缩脲试剂、双缩脲空白试剂，再进行与上述相同的其他操作和计算。

（3）需注意溶液 pH，这是因为蛋白质的紫外吸收峰会随 pH 的改变而发生变化。

【临床意义】

1. 血浆总蛋白上升

（1）蛋白质合成增加：大多见于多发性骨髓瘤患者，主要是异常球蛋白增加使血清总蛋白增加。

（2）血浆浓缩：如急性脱水（呕吐、腹泻、高热等）、外伤性休克（毛细血管通透性增加）、慢性肾上腺皮质功能减退（尿排钠增多引起继发性失水）。

2. 血浆总蛋白下降

（1）蛋白质合成障碍：肝功能严重受损时，蛋白质合成减少，以白蛋白减少最为显著。

（2）蛋白质丢失增加：严重烧伤，大量血浆渗出；大出血；肾病综合征，尿中长期丢失蛋白质；溃疡性结肠炎，可从粪便中丢失一定量的蛋白质。

（3）营养不良或消耗增加：营养失调、低蛋白饮食、维生素缺乏或慢性肠道疾病引起的吸收不良使体内缺乏合成蛋白质的原料；长期消耗性疾病，如严重结核病、恶性肿瘤和甲状腺功能亢进等，均可导致血清总蛋白浓度降低。

（4）血浆稀释：如静脉注射过多低渗溶液或各种原因引起的水钠潴留。

【思考题】

（1）氨基酸是否可以发生双缩脲反应？为什么？

（2）双缩脲法测定蛋白质浓度的影响因素有哪些？怎样消除这些因素的影响？

（徐银海）

实验 17　底物浓度对酶活力的影响（碱性磷酸酶米氏常数的测定）

【实验目的】

（1）学习分光光度法测定的原理和方法。

（2）学习和掌握米氏常数（K_m）及最大反应速度（V_m）的测定原理和方法，测出碱性磷酸酶在以对硝基苯酚磷酸为底物时的 K_m 和 V_m 值。

【实验原理】

酶的底物浓度与酶促反应速度的关系一般符合米氏（Michaelis-Menten）动力学。根据中间产物学说，酶促反应的动力学模型可以表示为

$$E + S \underset{k_{-1}}{\overset{k_1}{\rightleftharpoons}} ES \xrightarrow{k_2} E + P$$

这里，E、S、ES 和 P 分别表示酶、底物、酶底物中间物和产物；k_1、k_{-1}、k_2 是各步反应的速率常数。

按照中间产物学说，可以推导出米氏方程为

$$v = \frac{V_m \cdot [S]}{K_m + [S]} \tag{2.22}$$

式中，[S]为底物浓度（摩尔浓度）：v 为初速度（每分钟的微摩尔浓度变化）；V_m 为最大反应速度（每分钟的微摩尔浓度变化）；K_m 为米氏常数（摩尔浓度）。

测定 K_m 和 V_m，特别是测定 K_m 是酶学工作的基本内容之一。在酶动力学性质的分析中，K_m 是酶的一个基本特征常数，它能反映酶与底物结合和解离的性质。特别是同一种酶能够作用于几种不同底物时，K_m 往往可以反映酶与各种底物的亲和力强弱。K_m 数值越小，说明酶和底物的亲和力越强；反之，K_m 值越大，酶和底物的亲和力越弱。

K_m 和 V_m 可通过作图法求得。作图方法很多，其共同的特点是先将米氏双曲线方程式转化为一般的直线形式。本实验测定碱性磷酸酶催化对硝基苯磷酸酯（pNPP）水解的 K_m 和 V_m，采用最常用的双倒数作图法。这个方法是将米氏方程转化为倒数形式，即

$$\frac{1}{v} = \frac{K_m}{V_m} \cdot \frac{1}{[S]} + \frac{1}{V_m} \tag{2.23}$$

然后以 $1/v$ 对 $1/[S]$ 作图，可得一条直线（图 2-6），直线在纵轴上的截距为 $1/V_m$，横轴截距为 $-1/K_m$，由此即可求 K_m 和 V_m 值。

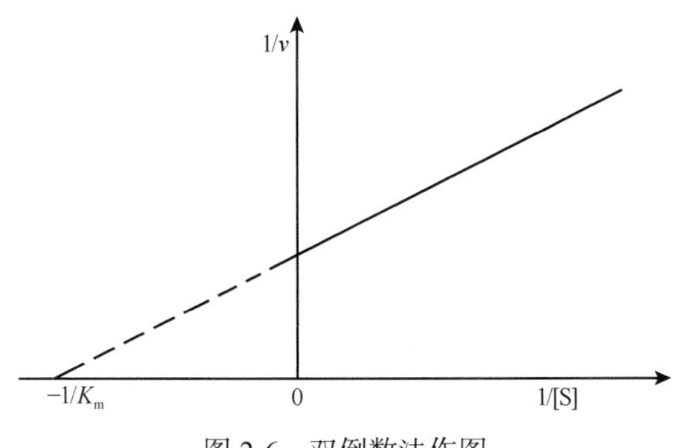

图 2-6　双倒数法作图

本实验测定碱性磷酸酶催化对硝基苯磷酸酯（pNPP）水解的 K_m 和 V_m，反应式为

$$\underset{\text{无色}}{\text{pNPP}} + H_2O \longrightarrow \underset{\text{黄色}}{\text{pNP}} + HPO_4^{2-}$$

可通过分光光度法测定产物 pNP 的含量，求出反应速度 v。

【实验试剂】

（1）0.1 mol/L Na_2CO_3-$NaHCO_3$（pH 10.0）缓冲液的配制：先分别配制 A 液和 B 液，再将两者按比例混合即成。A 液：0.1 mol/L 碳酸钠（Na_2CO_3）溶液（2.12 g Na_2CO_3 加双蒸水至 200 mL）。B 液：0.1 mol/L 碳酸氢钠（$NaHCO_3$）溶液（0.84 g $NaHCO_3$ 加双蒸水至 100 mL）。105 mL A 液 +45 mL B 液即得 150 mL 缓冲液。

（2）20 mmol/L $MgCl_2$ 溶液：称取 0.407 g $MgCl_2$，加双蒸水至 100 mL。

（3）10 mmol/L pNPP 溶液：称取 0.371 g pNPP，加双蒸水至 100 mL。

（4）0.1 mol/L NaOH 溶液：称取 0.4 g NaOH，加双蒸水至 100 mL。

（5）碱性磷酸酶液：称取 3 mg 碱性磷酸酶（alkaline phosphatase，ALP），加双蒸水至 100 mL。

【实验器材】

试管（1.5 cm×15 cm）及试管架、恒温水浴锅、秒表、微量移液器、722 型分光光度计、微量移液器吸头。

【实验方法与步骤】

1. 测定 共需 18 支试管，编号。1～6 号为测定管，各为 2 支，做平行实验，共需 12 支试管，编号，按表 2-24 操作。另取 6 支试管，1′～6′为对应底物浓度的对照管，对照管与测定管所加试剂相同，但加入先后顺序不同，即先加 NaOH 终止剂后补加酶液。

表 2-24 碱性磷酸酶米氏常数测定操作表

操作	试管号					
	1	2	3	4	5	6
底物浓度[S]（mmol/L）	0.5	0.6	0.75	1.0	1.5	3.0
10 mmol/L pNPP 溶液（mL）	0.1	0.12	0.15	0.2	0.3	0.6
重蒸水（mL）	0.5	0.48	0.45	0.4	0.3	0
0.1 mol/L Na_2CO_3-$NaHCO_3$ 缓冲	各管加入 1.0 mL					
20 mmol/L $MgCl_2$ 溶液	各管加入 0.2 mL					
预热	37 ℃5 min					
碱性磷酸酶液	各管加入 200 μL					
反应时间	精确反应 10 min					
0.1 mol/L NaOH 溶液	各管加入 2.0 mL					
对照管补加酶液	1′～6′对照管补加 200 μL 酶液					
OD_{405nm}						
1/OD						
1/[S]（L/ mmol）	2.0	1.67	1.33	1.0	0.67	0.33

2. 测定及数据处理 以对照管调零，用 722 型分光光度计测定各测定管在波长 405 nm 时的 OD 值（OD_{405nm}）。从对硝基苯酚标准曲线上查出 OD_{405nm} 相当于产物对硝基苯酸的含量（μmol 数），计算出各种底物浓度下的初速度 v_o[μmol/（L·min）]。以 1/v 对 1/[S]作图，求出酶催化 pNPP 水解的米氏常数 K_m 和最大反应速度 V_m。本实验以 OD_{405nm} 为相对速度，以 1/OD 对 1/[S]作图，求出酶催化 pNPP 水解的米氏常数 K_m 和相对最大反应速度。

【注意事项】

（1）取液量一定要准确。

（2）反应时间一定要精确。

（3）加酶前后一定要将试剂混匀。

（4）对照管一定要先加 NaOH 溶液，后加酶。

（5）测定 OD_{405nm} 时要以各自的对照管调零点。

（6）移液管或取液器的使用要规范。

【思考题】

（1）在测定酶催化反应的米氏常数 K_m 和最大反应速度 V_m 时，应如何选择底物浓度范围？

（2）试说明米氏常数 K_m 的物理意义和生物学意义。

（3）为什么说米氏常数 K_m 是酶的一个特征常数而 V_m 不是？

（郑红花）

实验 18　酵母蔗糖酶米氏常数的测定

【实验目的】

（1）掌握 K_m 值的定义及意义。

（2）熟悉用双倒数法测定 K_m 及 V_m 值的过程。

（3）掌握可调式移液器的使用方法。

【实验原理】

当温度、pH 等条件恒定时，酶促反应的初速度 V 随底物浓度[S]增大而增大，直至酶被底物饱和时达最大速度 V_{max}。反应初速度与底物浓度之间的关系可用米氏方程表示[见式（2.22）]，式中米氏常数 K_m 值相当于酶促反应速度为最大速度一半（$V=V_{max}/2$）时的底物浓度，具有浓度单位（mol/L），K_m 是酶的特征性常数，不同酶的 K_m 值不同，因此常可用于鉴别酶。同一种酶与不同底物反应时，其 K_m 值也不同。K_m 值反映酶和底物亲和力的强弱程度。测定 K_m 值是研究酶作用动力学的一项重要内容。由于米氏方程中 V 与[S]的关系为双曲线的一支，用作图法求 K_m 值不方便，Lineweaver-Burk 将式（2.22）双侧取倒数，得直线方程式[见式（2.23）]，以 $1/V$ 为纵坐标，$1/[S]$ 为横坐标作图，所得直线斜率为 K_m/V_{max}，其在纵轴上的截距为 $1/V_{max}$，在横轴上的截距为 $-1/K_m$，从而可方便地求出 K_m 及 V_{max} 值（图 2-6）。

本实验以酵母蔗糖酶为例学习一种 K_m 及 V_{max} 值测定的方法。

在 pH=4.5 的乙酸缓冲液条件下，将等量的蔗糖酶与不同浓度的蔗糖（底物）混合，30℃放置 10 min 后，加入碱性铜盐试剂，利用碱性铜盐终止酶反应，经沸水浴加热后，$Cu(OH)_2$ 在碱性加热条件下，被蔗糖水解产生的单糖（葡萄糖及果糖）还原为 Cu_2O，后者再还原钼酸盐试剂生成钼蓝，通过比色计算各管的还原糖量，以还原糖的生成量代表各管的反应速度，按双倒数作图法，求得 K_m 值和 V_{max} 值。

【实验器材】

恒温水浴锅、722 型分光光度计、试管（1.5 cm×15 cm）及试管架、微量移液器、100 mL 及 1000mL 容量瓶。

【实验试剂】

（1）0.2 mol/L 乙酸缓冲液（pH＝4.5）。

（2）0.1 mol/L 经纯化的蔗糖溶液。

（3）碱性铜盐试剂（碱性硫酸铜溶液）。

A 液：无水碳酸钠 35 g，酒石酸钠 13 g 及碳酸氢钠 11 g 溶于双蒸水，稀释至约 700 mL，待溶液清晰后再稀释至 1000 mL。

B 液：硫酸铜晶体 5 g，溶于双蒸水并定容至 100 mL，加浓硫酸数滴作稳定剂。

临用时，A 液和 B 液按体积比为 9∶1 混合，混合液于冰箱中保存（4 ℃）。

（4）蔗糖酶溶液：实验前对酶的活性需经预实验调节。按本实验条件：用最高的作用物浓度管做实验，所得到的吸光度应调节为 0.6～0.8。如酶活性过大，在规定的反应时间内作用物分解过快，则测到的数值将与反应初速度相差甚远，所测得的 K_m 值不准。如酶活性过低，吸光度读数偏低。本方法还受测定方法灵敏度的限制。

（5）1 mol/L 葡萄糖溶液。

（6）酸性钼酸盐溶液：称取钼酸钠 600 g，用少量双蒸水溶解后倾入 2000 mL 的容量瓶中，加双蒸水至刻度，摇匀，倾入另一较大的试剂瓶中，加溴水 0.5 mL，摇匀，静止数小时后取上清液 500 mL 于 1000 mL 容量瓶中，缓缓加入 225 mL 85%磷酸溶液，边加边摇匀，再加 25%硫酸溶液 150 mL。置于暗处，次日用空气将剩余的溴赶去，然后加 99%乙酸溶液 75 mL，摇匀，用双蒸水稀释定容至 1000 mL，贮于棕色瓶中。

【实验方法与步骤】

取 13 支试管，编号，按表 2-25 操作。

表 2-25 酵母蔗糖酶 K_m 值的测定（单位：mL）

试剂	试管号												
	1	2	3	4	5	6	7	8	9	10	11	12	13
乙酸缓冲液	0.2	0.2	0.2	0.2	0.2	0.2	0.2	0.2	0.2	0.2	0.2	—	—
0.1 mol/L 蔗糖	—	0.1	0.2	0.3	0.4	0.5	0.1	0.2	0.3	0.4	0.5	—	—
双蒸水	0.6	0.5	0.4	0.3	0.2	0.1	0.5	0.4	0.3	0.2	0.1	1	0.8
碱性铜盐试剂	—	—	—	—	—	—	1	1	1	1	1	1	1
	混匀各管，置 30 ℃水浴 5 min 后，顺序加入预温的酶液，1～6 号管要间隔 1 min												
蔗糖酶溶液	0.2	0.2	0.2	0.2	0.2	0.2	0.2	0.2	0.2	0.2	0.2	—	—
	1 号管 30 ℃保温 10 min 后，1～6 号管顺序添加碱性铜盐试剂 1 mL，间隔 1 min												
1 mol/L 葡萄糖	—	—	—	—	—	—	—	—	—	—	—	—	0.2

将上述 13 支试管同置沸水浴中加热 20 min，流水冷却至室温，然后各加酸性钼酸盐溶液 1 mL，摇匀，放置 5 min 后，各加双蒸水 7 mL，用塑料薄膜按住管口，颠倒摇匀，于 660 nm 处比色，以 1 号管为酶空白调零，记录 2～11 号管的吸光度读数；以 12 号管为水空白调零，记录 13 号管葡萄糖标准液的吸光度读数。

【计算】

（1）计算酶反应中各管所产生还原糖的微摩尔数。

（2）按双倒数作图法以各管的实际蔗糖浓度的倒数作横坐标，即 1/[S]，各管每分钟产生还原糖的微摩尔数的倒数为纵坐标，即 $1/V$，以 $1/V$ 对 1/[S]作图，绘出直线。求 K_m 及 V_{max}。

各管底物浓度[S]的计算，如式（2.24）所示。

$$2\text{号管[S]}=\frac{\text{蔗糖质量}}{\text{总液量}}=\frac{0.1(\text{mol/ L})\times 0.1(\text{mL})}{(0.2+0.1+0.5+0.2)(\text{mL})}=0.01\ \text{mol/L} \quad (2.24)$$

3～6 号管[S]依次为 0.02 mol/L、0.03 mol/L、0.04 mol/L、0.05 mol/L，2～6 号管 1/[S]依次为 100 mol/L、50 mol/L、33 mol/L、25 mol/L、20 mol/L。

（3）计算各管反应速度 V[μmol/（min·mL）]，2～6 号管 A_{660} 依次减去 7～11 号管 A_{660} 后，按式（2.25）计算

$$V=\frac{A_u}{A_s}\times 1(\mu\text{mol / mL})\times 0.2(\text{mL})\times\frac{1}{0.2(\text{mL})}\times\text{酶液稀释倍数}\times\frac{1}{10(\text{min})} \quad (2.25)$$

【注意事项】

（1）对照管的颜色不能太深，如果太深，需要重新配制蔗糖溶液。

（2）反应条件应严格按要求控制，否则影响实验结果的准确性。

（3）注意正确使用分光光度计，否则影响测定结果。

【临床意义】

（1）活性中心被底物占据一半时的底物浓度。当 V=（1/2）V_m 时，K_m=[S]。

（2）K_m 是特征常数，一般只与酶的性质、底物种类及反应条件有关，与酶的浓度无关。

（3）K_m 可近似表示酶与底物的亲和力。K_m=（K_2+K_3）/K_1=K_s+K_3/K_1，当 K_1、$K_2 \gg K_3$ 时，K_m 近似等于 K_s，因此，$1/K_m$ 可近似表示酶与底物的亲和力大小。

（4）K_m 与天然底物：K_m 最小或 V_m/K_m 比值最高的底物称为该酶的最适底物或天然底物。

（5）已知 K_m，可根据[S]推算 V，或由 V 推算[S]。

（6）了解酶的 K_m 及[S]，可推知是否受[S]调节。

（7）用于鉴别原级同工酶和次级同工酶。

（8）测定不同抑制剂对某个酶的 K_m 值的影响，判断抑制类型（非竞争性抑制剂 K_m 不变，最大 V_m 减小；竞争性抑制剂 K_m 增大，最大 V_m 不变）。

（9）催化可逆反应的酶：测定 K_m 和[S]，推测催化反应的方向及程度。

【思考题】

（1）说明米氏常数 K_m 的物理意义和单位。

（2）本实验中有哪些影响蔗糖酶活性的因素?

（韩　冬）

实验 19　葡糖氧化酶法测定血糖浓度

【实验目的】

（1）掌握葡糖氧化酶法测血糖的原理及操作方法。

（2）了解正常血糖水平及其测定的临床意义。

【实验原理】

血液中的葡萄糖称为血糖，血糖是反映体内糖代谢状况的常用指标，酶法为推荐使用的测定方法。

葡萄糖可由葡糖氧化酶（glucose oxidase，GOD）氧化成葡糖酸并产生过氧化氢，后者在过氧化物酶（peroxidase，POD）的作用下，能与苯酚及 4-氨基安替比林去氢缩合产生红色醌化合物，即 Trinder 反应（其中过氧化物酶、4-氨基安替比林和苯酚统称为 PAP），故此法称为 GOD-PAP 法。红色醌化合物的颜色深浅与葡萄糖含量成正比，即其生成量与葡萄糖含量成正比。利用可见分光光度计在 492 nm 处测定其吸光度，对照葡萄糖标准应用液浓度即可求得血糖的含量。反应式如下所示。

$$\text{葡萄糖+氧气+水} \xrightarrow{\text{GOD}} \text{葡糖酸+过氧化氢}$$

$$\text{过氧化氢+4-氨基安替比林+苯酚} \xrightarrow{\text{POD}} \text{红色醌化合物}$$

【实验对象】

血清样本。

【实验试剂】

（1）磷酸盐缓冲液（pH=7.0，离子强度 0.1 mol/L）：称取无水磷酸氢二钠 8.67 g 及无水磷酸二氢钾 5.3 g，溶于 800 mL 双蒸水中，用 1.0 mol/L 氢氧化钠（或 1 mol/L 盐酸）调 pH 至 7.0，用双蒸水定容至 1000 mL。

（2）酶试剂：称取过氧化物酶 1200 U，葡糖氧化酶 1200 U，4-氨基安替比林 10 mg，叠氮钠 100 mg，溶于 0.1 mol/L 磷酸盐缓冲液 80 mL 中，调 pH 至 7.0，用磷酸盐缓冲液定容至 100 mL，置 4 ℃保存，可稳定 3 个月。

（3）酚试剂：称取重蒸馏酚 100 mg 溶于双蒸水 100 mL 中，用棕色瓶贮存。

（4）酶酚试剂：酶试剂及酚试剂等量混合，4℃下可存放 1 个月。

（5）葡萄糖标准应用液（5.55 mmol/L 或 1 mg/mL）：用分析天平称取无水葡萄糖 100 mg，以少量 0.25%苯甲酸溶液在小烧杯中溶解，倒入 100 mL 容量瓶中，用 0.25%苯甲酸溶液冲洗烧杯 2～3 次，倒入容量瓶中补足至刻度，混匀。

备注：目前市面上有葡萄糖测定试剂盒，试剂盒主要成分与浓度如表 2-26 所示。

表 2-26 葡萄糖测定试剂盒主要成分与浓度

试剂	主要成分	实验浓度
R_1	磷酸缓冲液（pH=7.0）	100 mmol/L
	苯酚	10 mmol/L
R_2	磷酸缓冲液（pH=7.0）	100 mmol/L
	葡糖氧化酶（GOD）	16 000 U/L
	过氧化物酶（POD）	1000 U/L
	4-氨基安替比林	2.0 mmol/L
葡萄糖标准液	葡萄糖	5.55 mmol/L（100 mg/dL）

注：若购买成品试剂，应参考试剂说明书进行操作

【实验器材】

可见分光光度计、比色杯、恒温水浴锅、微量移液器、微量移液器吸头、试管（1.5 cm×15 cm）及试管架。

【实验方法与步骤】

1. 加样 取三支试管，分别标记为空白管、标准管、测定管，按表 2-27 进行操作。

表 2-27 血糖含量测定操作表 （单位：μL）

试剂	空白管	标准管	测定管
待测血清	–	–	20
葡萄糖标准应用液	–	20	–
双蒸水	20	–	–
酶酚试剂	3000	3000	3000

2. 测定吸光度 各管分别混匀后，置 37℃水浴 10～15 min（避免太阳光直射），用可见分光光度计比色，在波长 492 nm 处以空白管调零，测定吸光度，读取标准管及测定管吸光度（A）值。

3. 结果计算

$$\text{血清葡萄糖浓度（mmol/L）}=\frac{\text{测定管吸光度}}{\text{标准管吸光度}}\times\text{葡萄糖标准应用液浓度} \qquad (2.26)$$

【注意事项】

（1）准确吸量，吸量稍有不准，反应管里试剂的浓度就会有较大差异。因此，应选择经过校准的微量移液器，并按正确方法吸量。

（2）样品中葡萄糖的浓度应保持在测定方法的分析范围内，最好使实验样品中被测浓度达到医学上具有决定意义的浓度。

（3）加入标准液的体积在整个样品中要少，一般在 10%以内。

（4）葡糖氧化酶法可直接测定脑脊液葡萄糖的含量，但不能直接测定尿中葡萄糖的含量，因为尿液中尿酸等干扰物质浓度过高可干扰过氧化物酶反应，造成结果假性偏低。

（5）测定标本以草酸钾-氟化钠（草酸钾 6 g，氟化钠 4 g，加水溶解至 100 mL，吸取 0.1 mL 到试管内，在 80 ℃以下烤干使用）为抗凝剂的血浆较好，可使 2～3 mL 血液在 3～4 天不凝固并抑制糖分解。

（6）严重黄疸、溶血及乳糜样血清应先制备无蛋白血滤液，然后进行测定。

（7）每次加入试剂后，都应在振荡器上混匀，使之充分反应。

【参考值】

空腹血清/葡萄糖为 3.89～6.11 mmol/L（70～110 mg/dL）。

【临床意义】

1. **生理性高血糖** 见于餐后或高糖饮食、情绪紧张、肾上腺分泌增加等。

2. **病理性高血糖** ①糖尿病患者。②内分泌腺功能障碍：甲状腺功能亢进、肾上腺皮质及髓质功能亢进等。升高血糖的激素增多引起的高血糖现已归入特异性糖尿病中。③颅内压增高：颅内压增高刺激血糖中枢，如颅外伤、颅内出血、脑膜炎等。④脱水引起的高血糖：如呕吐、腹泻和高热等可使血糖轻度增高。

3. **生理性低血糖** 见于长期饥饿和剧烈运动后。

4. **病理性低血糖（特发性功能性低血糖最多见，依次是药源性低血糖、肝源性低血糖、胰岛素瘤低血糖等）** ①胰岛 B 细胞增生或胰岛 B 细胞瘤等，使胰岛素分泌过多。②对抗胰岛素的激素分泌不足，如垂体前叶功能减退、肾上腺皮质功能减退和甲状腺功能减退而使相应的激素分泌减少。③严重肝病患者由于肝脏存储糖原及糖异生等功能低下而不能有效地调节血糖。

【思考题】

（1）何为 Trinder 反应？影响该反应的因素有哪些？

（2）葡糖氧化酶法测定血糖的基本原理是什么？

（周芳美）

实验 20 酶法测定血清中的三酰甘油含量（GK-GPO-POD 法）

【实验目的】

（1）掌握氧化酶法测定血清三酰甘油的原理及方法。

（2）熟悉血清三酰甘油测定的临床意义。

【实验原理】

血清中的三酰甘油（triglyceride，TG）是一项重要的临床血脂常规测定指标，其作为冠心病的一项独立危险因素日益受到重视。其检测的方法有化学法和酶法，目前实验室普遍采用酶法，本实验介绍的是一步终点法，具有简便、快速、微量且试剂较稳定等优点，适用于手工和自动化测定。

血清 TG 经脂蛋白脂肪酶（lipoprotein lipase，LPL）作用，可使血清中 TG 水解为甘油和游离脂肪酸（free fatty acid，FFA），生成的甘油在腺苷三磷酸（adenosine triphosphate，ATP）和甘油激酶（glycerokinase，GK）的作用下生成 3-磷酸甘油，再经磷酸甘油氧化酶（glycerophosphate oxidase，GPO）作用生成磷酸二羟丙酮和过氧化氢（H_2O_2），过氧化氢与 4-氨基安替比林（4-AAP）和 4-氯酚在过氧化物酶（peroxidase，POD）作用下，生成红色醌类化合物，其显色程度与 TG 的浓度成正比。反应式如下所示。

$$\text{TG} + 3H_2O \xrightarrow{\text{LPL}} \text{甘油} + 3\text{RCOOH（脂肪酸）}$$

$$\text{甘油} + \text{ATP} \xrightarrow{\text{GK}} \text{ADP} + \text{3-磷酸甘油}$$

$$\text{3-磷酸甘油} + O_2 \xrightarrow{\text{GPO}} \text{磷酸二羟丙酮} + 2H_2O_2$$

$$2H_2O_2 + \text{4-AAP} + \text{4-氯酚} \xrightarrow{\text{POD}} \text{红色醌类化合物} + 4H_2O$$

【实验对象】

血清样本。

【实验试剂】

（1）TG 试剂盒，组成如下所示：Goods 缓冲液（pH=7.2）（50 mmol/L）、脂蛋白脂肪酶（≥4000 U/L）、甘油激酶（≥40 U/L）、磷酸甘油氧化酶（≥500 U/L）、过氧化物酶（≥2000 U/L）、ATP（2.0 mmol/L）、硫酸镁（15 mmol/L）、4-AAP（0.4 mmol/L）、4-氯酚（4.0 mmol/L）。

（2）三油酸甘油酯标准液 2.26 mmol/L（200 mg/dL）：准确称取三油酸甘油酯（平均分子量为

885.4）200 mg，加 Triton X-100 5 mL，用双蒸水定容至 100 mL，分装后于 4 ℃保存。

【实验器材】

722 型可见分光光度计、恒温水浴锅、微量移液器、微量移液器吸头、试管（1.5 cm×15 cm）试管架等。

【实验方法与步骤】

1. 加样 取试管 3 支，分别编为空白管、标准管、测定管，按表 2-28 依次加样。

表 2-28 TG 含量测定操作表 （单位：μL）

试剂	空白管	标准管	测定管
血清	—	—	20
双蒸水	20	—	—
标准液	—	20	—
酶试剂	2000	2000	2000

2. 吸光度测定 将各管分别混匀后，置 37 ℃水浴锅里保温 15 min，用 722 型分光光度计比色，在波长 500 nm 处以空白管调零，测定吸光度，读取标准管及测定管的吸光度（A）值。

3. 结果计算

$$\text{TG 含量（mmol/L）}=\frac{\text{测定管吸光度}}{\text{标准管吸光度}}\times\text{标准液浓度} \qquad (2.27)$$

【参考值】

（1）正常成人血清 TG：0.55～1.70 mmol/L。

（2）临界阈值：2.30 mmol/L。

（3）危险阈值：4.50 mmol/L。

【注意事项】

（1）实验中所用酶试剂应在 4 ℃避光保存，出现红色时不能再用，试剂空白的吸光度应≤0.05。

（2）每次加样完成后，迅速将其混匀，使其充分反应。

（3）本实验方法的线性上限为 11.3 mmol/L，若所测 TG 值超过了 11.0 mmol/L，则可用生理盐水稀释样品后再测。

（4）实验中没有进行抽提和吸附，所以血清中游离的甘油对 TG 测定结果有一定的影响。

（5）血清 TG 易受饮食的影响，在进食脂肪后可以观察到血清中的 TG 明显上升，2～4 h 即可出现血清混浊，8 h 以后接近空腹水平。因此，要求空腹 12 h 后再进行采血，并要求 72 h 内不饮酒，否则会使检测结果偏高。

【临床意义】

（1）血清 TG 一般随年龄增加而升高，体重超过标准者 TG 往往偏高。

（2）血清 TG 增高常见于家族性脂类代谢紊乱、肾病综合征、糖尿病、甲状腺功能减退、急性胰腺炎、糖原贮积病、胆道梗阻、原发性 TG 增高症、动脉粥样硬化等。

（3）血清 TG 降低见于慢性阻塞性肺疾病、脑梗死、甲状腺功能亢进、营养不良和吸收不良综合征等。

【思考题】

（1）糖尿病患者为什么常伴有血清 TG 的升高?

（2）如果待测血清 TG 含量高于本法的测定范围，如何调整实验方案?

（周芳美）

实验21 改良J-G法测定血清总胆红素和结合胆红素

【实验目的】

（1）掌握改良J-G法测定血清总胆红素、结合胆红素的原理及实验方法。

（2）掌握测定血清总胆红素、结合胆红素和未结合胆红素的临床意义。

（3）了解测定血清总胆红素、结合胆红素的其他方法。

【实验原理】

血清中结合胆红素可直接与重氮试剂反应生成红色的偶氮胆红素；非结合胆红素须有加速剂作用，破坏其分子内氢键后才能与重氮试剂反应生成红色的偶氮胆红素。本法在pH=6.5的条件下进行，加入碱性酒石酸钠使紫色偶氮胆红素（吸收峰530 nm）转变成蓝色偶氮胆红素，在600 nm波长处比色，使检测灵敏度提高。

【实验对象】

血清或肝素抗凝血浆。

【实验试剂】

（1）咖啡因-苯甲酸钠试剂：称取无水乙酸钠 41.0 g，苯甲酸钠 38.0 g，乙二胺四乙酸二钠（EDTA-Na_2）0.5 g，溶于约500 mL去离子水中，再加入咖啡因25.0 g，搅拌使溶解（加入咖啡因后不能加热溶解），用去离子水补足至1 L，混匀，用滤纸过滤至棕色瓶，室温保存。

（2）碱性酒石酸钠溶液：称取氢氧化钠75.0 g，酒石酸钠（$C_4H_4O_6Na_2 \cdot 2H_2O$）263.0 g，用去离子水溶解并补足至1 L，混匀，置塑料瓶中，室温保存。

（3）72.5 mmol/L亚硝酸钠溶液：称取亚硝酸钠5.0 g，用去离子水溶解并定容至100 mL，混匀，置棕色瓶中，于冰箱保存，稳定期不少于3个月。稀释10倍后浓度为72.5 mmol/L，冰箱保存，稳定期不少于2周。

（4）28.9 mmol/L对氨基苯磺酸溶液：称取对氨基苯磺酸（$NH_2C_6H_4SO_3H \cdot H_2O$）5.0 g，溶于800 mL去离子水中，加入浓盐酸15 mL，用去离子水补足至1 L。

（5）重氮试剂：临用前取上述亚硝酸钠溶液0.5 mL和对氨基苯磺酸溶液20 mL，混匀即成。

（6）5.0 g/L叠氮钠溶液：称取叠氮钠0.5 g，用去离子水溶解并补足至100 mL。

（7）胆红素标准液：取商品化试剂。胆红素对光敏感，贮存时须避光，置4℃冰箱，3天内有效。

【实验器材】

紫外可见分光光度计、试管（1.5 cm×15 cm）及试管架、吸量管（2 mL）、微量移液器、微量移液器吸头、涡旋振荡器。

【实验方法与步骤】

1. 总胆红素测定 按表2-29进行操作。

表2-29 改良J-G法测血清总胆红素的操作步骤 （单位：mL）

试剂	测定管	测定对照管	标准管	标准对照管
血清	0.2	0.2	—	—
总胆红素标准液	—	—	0.2	0.2
咖啡因-苯甲酸钠试剂	1.6	1.6	1.6	1.6
对氨基苯磺酸溶液	—	0.4	—	0.4
重氮试剂	0.4	—	0.4	—

表2-29中各管每加一种试剂后立即混匀，加重氮试剂后室温放置10 min。加碱性酒石酸溶液

1.2 mL，混匀，于波长 598 nm 处用双蒸水调零，读取各管吸光度。

2. 结合胆红素测定 按表 2-30 进行操作。

表 2-30 改良 J-G 法测血清结合胆红素的操作步骤 （单位：mL）

试剂	测定管	测定对照管	标准管	标准对照管
血清	0.2	0.2	—	—
结合胆红素标准液	—	—	0.2	0.2
对氨基苯磺酸溶液	—	0.4	—	0.4
重氮试剂	0.4	—	0.4	—

表 2-30 的标准管和测定管中加入重氮试剂后立即混匀，37℃准确温育 10 min，向各管加入 5.0 g/L 叠氮钠溶液 0.05 mL，混匀，终止重氮反应，加咖啡因-苯甲酸钠试剂 1.6 mL，再加碱性酒石酸溶液 1.2 mL，混匀，于波长 598 nm 处用双蒸水调零，读取各管吸光度。

3. 结果计算

$$\text{血清总胆红素浓度（μmol/L）}=\frac{\text{测定管吸光度}-\text{测定对照管吸光度}}{\text{标准管吸光度}-\text{标准对照管吸光度}}\times\text{总胆红素标准液浓度} \tag{2.28}$$

$$\text{血清结合胆红素浓度（μmol/L）}=\frac{\text{测定管吸光度}-\text{测定对照管吸光度}}{\text{标准管吸光度}-\text{标准对照管吸光度}}\times\text{结合胆红素标准液浓度} \tag{2.29}$$

【注意事项】

（1）轻度溶血对本法无影响，但严重溶血可使测定结果偏低。

（2）血脂和脂溶色素对测定有干扰，应尽量取空腹血。

（3）叠氮钠能破坏重氮试剂，终止偶氮反应。凡使用叠氮钠作防腐剂的质控血清，均可引起偶氮反应不完全，甚至不呈色。

（4）本法测定血清总胆红素，在 10～37 ℃时不受温度变化的影响。呈色 2 h 内稳定。

（5）胆红素对光敏感，标准液及标本均应尽量避光保存。

（6）标本对照管的吸光度一般很接近，一般血清标本可共用对照管。

（7）胆红素大于 342 μmol/L 时，可用 0.154 mmol/L NaCl 溶液稀释后测定，结果乘以稀释倍数。

（8）结合胆红素测定方法不同，反应时间不同，结果相差很大。时间短、非结合胆红素参与反应少，结合胆红素反应也不完全；时间长、结合胆红素反应较完全，但一部分非结合胆红素也参与了反应。

（9）本法灵敏度高，且可避免其他有色物质的干扰，是测定血清总胆红素的参考方法，但缺点是不能自动化分析。

【临床意义】

1. 血清总胆红素升高 可见于病毒性肝炎、中毒性肝炎或肝癌、肝内或肝外胆道梗阻、溶血性疾病、新生儿生理性黄疸等。

2. 血清总胆红素降低 可见于再生障碍性贫血及数种继发性贫血（主要见于癌症或慢性肾炎）。

3. 血清结合胆红素升高 可见于肝内或肝外胆道梗阻、肝细胞损害（特别是疾病后期）等。

【思考题】

（1）重氮反应法测胆红素还可以用哪些物质作加速剂?

（2）测定胆红素的常用方法有哪些？试比较其优缺点。

（黄 桦）

实验22 血清尿素、肌酐、尿酸的测定

【实验目的】

（1）掌握测定血清尿素、肌酐、尿酸的原理及实验方法。

（2）掌握测定血清尿素、肌酐、尿酸的临床意义。

（3）了解测定血清尿素、肌酐、尿酸的其他方法。

【实验原理】

1. 脲酶-波氏法测尿素 尿素在脲酶作用下分解生成氨。在碱性条件下，氨经次氯酸氧化生成氯胺。氯胺与苯酚在亚硝基铁氰化钠催化下生成蓝色的靛酚，其生成量与尿素含量成正比，在波长560 nm处比色测定。

2. 碱性苦味酸法测肌酐 血清标本经去蛋白质处理后，肌酐与碱性苦味酸反应，生成橘红色的苦味酸肌酐复合物，在波长510 nm处测定吸光度值，吸光度值与肌酐含量成正比。

3. 磷钨酸还原法测尿酸 去蛋白质血滤液中的尿酸在碱性溶液中被钨酸氧化成尿囊素及二氧化碳，磷钨酸在此反应中则被还原成钨蓝，钨蓝的生成量与反应液中的尿酸含量成正比。

【实验对象】

血清或肝素抗凝血浆。

【实验试剂】

1. 脲酶-波氏法测尿素

（1）酚显色剂：苯酚10 g，二水合亚硝基铁氰化钠0.05 g，溶于1000 mL无氨去离子水中，4℃下可保存60天。

（2）碱性次氯酸钠溶液：NaOH 5 g溶于无氨去离子水中，加安替福民8 mL（相当于次氯酸钠0.42 g），再加无氨去离子水至1000 mL，避光，4℃可保存60天。

（3）脲酶贮存液：脲酶（比活性3000～4000 U/g）0.2 g溶于20 mL 50 %（*V*/*V*）甘油溶液，4℃下可保存60天。

（4）脲酶应用液：取脲酶贮存液1 mL，加10 g/L EDTA-Na_2（pH 6.5）至100 mL，4℃可保存30天。

（5）尿素标准贮存液（100 mmol/L）：精确称取于 65℃干燥恒重的尿素[分子量（M_W）：60.06]0.6 g，溶于100 mL无氨去离子水中，加0.1 g叠氮钠防腐，4℃可保存6个月。

（6）尿素标准应用液（5 mmol/L）：取5 mL上述贮存液，用无氨去离子水稀释至100 mL。

2. 去蛋白碱性苦味酸法测肌酐

（1）0.75 mol/L NaOH溶液：NaOH 30 g，加去离子水溶解，冷却后用去离子水稀释至1000 mL。

（2）0.04 mol/L苦味酸溶液：苦味酸9.3 g（M_N：229.11），溶于500 mL 80℃去离子水中，冷却至室温。以酚酞作指示剂，用0.1 mol/L氢氧化钠滴定至红色，以校正苦味酸浓度。根据滴定结果，用去离子水定溶至1000mL，避光保存。

（3）35 mmol/L钨酸溶液

1）在100 mL去离子水中加入1 g聚乙烯醇，加热助溶（勿煮沸），冷却。

2）在300 mL 去离子水中加入11.1 g钨酸钠（M_W：329.81），使其完全溶解。

3）在300 mL去离子水中缓慢加入2.1 mL浓硫酸，冷却。

于1000 mL 容量瓶中将1）所配溶液加入2）所配溶液中，再与3）所配溶液混匀，用去离子水加至刻度，室温稳定一年。

（4）肌酐标准贮存液（10 mmol/L）：113 mg肌酐（M_W：113.12）用0.1 mol/L盐酸溶液溶解，并移入100 mL容量瓶内，再用0.1 mol/L盐酸溶液定容，4℃下可保存12个月。

（5）肌酐标准应用液（10 μmol/L）：取1 mL上述贮存液用0.1 mol/L盐酸溶液稀释至1000 mL，

4℃下保存。

3. 磷钨酸还原法测尿酸

（1）磷钨酸贮存液：称取钨酸钠 50 g，溶于约 400 mL 双蒸水中，加浓磷酸 40 mL 及玻璃数粒，煮沸回流 2 h 冷却至室温，用双蒸水稀释至 1000 mL，贮存在棕色试剂瓶中。

（2）磷钨酸应用液：取 10 mL 磷钨酸贮存液，以双蒸水稀释至 100 mL。

（3）0.3 mol/L 钨酸钠溶液：称取钨酸钠（M_W：329.36）100 g，用双蒸水溶解后稀释至 1000 mL。

（4）0.33 mol/L 硫酸：取 18.5 mL 浓硫酸，加入 500 mL 双蒸水中，然后用双蒸水稀释至 1000 mL。

（5）钨酸试剂：在 800 mL 双蒸水中，加入 50 mL 0.3 mol/L 钨酸钠溶液、0.05 mL 浓磷酸和 50 mL 0.33 mol/L 硫酸溶液，混匀，在室温中可稳定数月。

（6）1 mol/L 碳酸钠溶液：称取 10.6 g 无水碳酸钠溶液溶于双蒸水中，并稀释至 1000 mL，置塑料烧瓶内，如有混浊，可过滤后使用。

（7）6.0 mol/L 尿酸标准贮存液：取 60 mg 碳酸锂溶解在 40 mL 双蒸水中，加热到 60℃，使其完全溶解，准确称取尿酸（M_W：168.11）100.9 mg，溶解于碳酸锂溶液中，冷却至室温，移入 1000 mL 容量瓶中，用双蒸水稀释至刻度，贮存在棕色瓶中。

（8）300 μmol/L 尿酸标准应用液：取 5 mL 尿酸标准贮存液，加 33 mL 乙二醇，再加双蒸水稀释至 100 mL。

【实验器材】

可见分光光度计、试管（1.5 cm×15 cm）及试管架、吸量管（5 mL）、微量移液器（500 μL）、微量移液器吸头、涡旋振荡器、恒温水浴锅、纯水机。

【实验方法与步骤】

1. 脲酶-波氏法测尿素

（1）按表 2-31 进行操作。

表 2-31 脲酶-波氏法测尿素的操作步骤 （单位：mL）

试剂	测定管	标准管	空白管
血清	0.01	—	—
尿素标准液	—	0.01	—
无氨去离子水	—	—	0.01
脲酶应用液	1.0	1.0	1.0

混匀，37 ℃水浴 15 min，向各管加入 5 mL 酚显色剂和 5 mL 碱性次氯酸钠溶液，混匀，37 ℃水浴 20 min。于波长 560 nm 处用空白管调零，读取各管吸光度。

（2）计算：方法如式（2.21）所示。

$$尿素（mmol/L）=\frac{测定管吸光度}{标准管吸光度}\times 尿素标准液浓度（mmol/L） \quad (2.30)$$

2. 去蛋白碱性苦味酸法测肌酐

（1）取 0.5 mL 血清，加入 4.5 mL 35 mmol/L 钨酸溶液，充分混匀后静置 5 min，3000 r/min 离心 10 min，取上清液。

（2）按表 2-32 进行操作。

表 2-32 去蛋白碱性苦味酸法测肌酐的操作步骤 （单位：mL）

试剂	测定管	标准管	空白管
血清无蛋白质滤液	3.0	—	—
肌酐标准应用液	—	3.0	—

续表

试剂	测定管	标准管	空白管
去离子水	—	—	3.0
苦味酸溶液	1.0	1.0	1.0
氢氧化钠溶液	1.0	1.0	1.0

混匀，室温放置 15 min，于波长 510 nm 处，用空白管调零，读取各管吸光度。

（3）计算

$$\text{血肌酐（μmol/L）}=\frac{\text{测定管吸光度}}{\text{标准管吸光度}}\times\text{肌酐标准液浓度}\times 10 \qquad (2.31)$$

式中“10”代表样本测定前的稀释倍数。

3. 磷钨酸还原法测尿酸

（1）于 3 支试管中各加 4.5 mL 钨酸试剂，然后分别加入 0.5 mL 血清、0.5 mL 尿酸标准应用液和 0.5 mL 双蒸水，充分混匀后静置 5 min，3000 r/min 离心 10 min，取上清液。

（2）按表 2-33 进行操作。

表 2-33　磷钨酸还原法测尿酸的操作步骤　（单位：mL）

试剂	测定管	标准管	空白管
血清管上清液	2.5	—	—
标准液管上清液	—	2.5	—
双蒸水管上清液	—		2.5
碳酸钠溶液	0.5	0.5	0.5
		混匀后室温静置 10 min	
磷钨酸应用液	0.5	0.5	0.5

混匀，室温下放置 20 min，于波长 660 nm 处，用空白管调零，读取各管吸光度。

（3）计算

$$\text{血尿酸（μmol/L）}=\frac{\text{测定管吸光度}}{\text{标准管吸光度}}\times\text{尿酸标准液浓度} \qquad (2.32)$$

【注意事项】

1. 脲酶-波氏法测尿素

（1）本法的测定波长也可用 630 nm。

（2）空气中氨气对试剂或玻璃器皿的污染或使用铵盐抗凝剂均可使结果偏高。高浓度氟化物可抑制脲酶，引起结果假性偏低。

2. 去蛋白碱性苦味酸法测肌酐

（1）该方法的主要缺点是特异性差，血中丙酮、丙酮酸、叶酸、抗坏血酸（维生素 C）、葡萄糖、乙酰乙酸等都能在此反应中呈色，因而被称为“假肌酐”，用血清、尿液及红细胞作样品测定时此类物质可分别占总发色强度的约 20%、50%及 60%。此外，一些头孢类药物如头孢西丁钠也可与苦味酸反应显色而引起正干扰。

（2）温度升高时，碱性苦味酸溶液显色增深，但测定管与标准管的加深程度不成比例。因此，测定时各管温度均需达到室温。

（3）呈色后标准管吸光度较稳定，但测定管吸光度随时间延长而增加，故加显色剂后在 30 min 内完成比色为宜。

（4）血清标本如当天不能测定，可于 4℃保存 3 天，在−20℃下保存时间较长。轻微溶血对肌酐测定无影响。

3. 磷钨酸还原法测尿酸

（1）因草酸钾与磷钨酸容易形成不溶性的磷钨酸钾，造成显色液混浊，因此不能用草酸钾作抗凝剂。

（2）血清与尿液标本中的尿酸在室温下可稳定 3 天。尿液标本冷藏后，可引起尿酸盐沉淀，此时可调节 pH 至 7.5～8.0，并将标本加热到 50 ℃，待沉淀溶解后再进行测定。

（3）尿酸在水中溶解度极低，但易溶于碱性碳酸盐溶液中，配制标准液时，加碳酸锂并加热助溶。如无碳酸锂，可用碳酸钠代替。

（4）蛋白质的巯基和酚羟基能使磷钨酸还原为蓝色，并产生混浊，故需制备无蛋白质血滤液。

【临床意义】

1. 尿素

（1）血尿素浓度受多种因素的影响，分生理性因素和病理性因素两个方面。

1）生理性因素：高蛋白饮食引起血清尿素浓度和尿液中尿素排出量显著升高。血清尿素浓度男性比女性高 0.3～0.5 mmol/L。随着年龄的增加尿素有增高倾向。成人的日间生理变动平均为 0.63 mmol/L。妊娠妇女由于血容量增加，尿素浓度比非妊娠妇女低。

2）病理性因素

A. 肾前性：最重要的原因是失水，可引起血液浓缩、肾血流量减少、肾小球滤过率减低，从而使血液中尿素滞留。常见于剧烈呕吐、幽门梗阻、肠梗阻和长期腹泻等。

B. 肾性：急性肾小球肾炎、肾病晚期、肾衰竭、慢性肾盂肾炎及中毒性肾炎都可出现血液中尿素含量增高。

C. 肾后性：前列腺增生、尿路结石、尿道狭窄、膀胱肿瘤致使尿道受压等都可能使尿路梗阻，引起血液中尿素含量增加。

（2）血液中尿素减少较为少见，常表示有严重的肝病，如肝炎合并广泛性肝坏死。

2. 肌酐 肌酐经肾小球滤过后，在肾小管既不重吸收，也不分泌，滤过多少，排泄多少。在肾脏疾病初期，血清肌酐值通常不升高，直至肾脏出现实质性损害，血清肌酐值才增高。在正常肾脏血流量的条件下，肌酐值如升高至 176～353 μmol/L（2～4 mg/dL），提示为中度至重度肾损害。所以，血肌酐测定对晚期肾脏疾病的临床意义较大。在反映肾小球滤过率下降方面，血肌酐比血尿素的灵敏度低，但血肌酐受饮食、运动、激素、蛋白质代谢等因素的影响较少，所以诊断特异性比血尿素高。

尿肌酐排泄量增高见于甲状腺功能减退、肝脏疾病、糖尿病、肢端肥大症、巨人症、某些消耗性疾病、发热及饥饿等。尿肌酐排泄量减少见于肾功能不全、甲状腺功能亢进、瘫痪、贫血、伤寒、结核、破伤风等消耗性疾病及肌肉萎缩和肌肉营养不良等。

3. 尿酸

（1）血清尿酸测定对痛风的诊断最有帮助。痛风患者血清中尿酸增高，但有时也会呈现正常尿酸值。

（2）核酸代谢增强时，如白血病、多发性骨髓瘤、真性红细胞增多症等，血清尿酸值也常见增高。

（3）肾功能减退时常伴有血清尿酸增高。

（4）氯仿中毒、四氯化碳中毒、铅中毒、子痫、妊娠反应及食用富含核酸的食物等均可引起血中尿酸含量增高。

【思考题】

（1）何为假肌酐？

（2）血尿素、肌酐、尿酸的测定有何临床意义？

（黄　桦）

实验 23　2,4-二硝基苯肼法测定血清维生素 C

【实验目的】

（1）掌握 2,4-二硝基苯肼法测定血清维生素 C 的原理及实验方法。

（2）掌握测定血清维生素 C 的临床意义。

【实验原理】

维生素 C（vitamin C）包括还原型维生素 C、脱氢型维生素 C 和二酮古洛糖酸。用偏磷酸处理血清可获得去蛋白质样品，在去蛋白质上清液中的还原型维生素 C 可被 Cu^{2+}氧化为脱氢型维生素 C，然后进一步水解为二酮古洛糖酸。二酮古洛糖酸在 H_2SO_4存在下与 2,4-二硝基苯肼偶联生成红色的苯脎，其呈色的强度与二酮古洛糖酸浓度成正比，在 520 nm 处比色定量。

【实验对象】

血清样本。

【实验试剂】

（1）0.75 mol/L 偏磷酸溶液：称取 30 g 偏磷酸，加双蒸水定容至 500 mL，稳定 1 周。

（2）4.5 mol/L H_2SO_4溶液：取浓 H_2SO_4（比重 1.84g/mL）250 mL，慢慢倒入 700 mL 水中，边加边搅拌，用水稀释至 1000 mL，混匀，室温下可稳定 2 年。

（3）20 g/L 2,4-二硝基苯肼溶液：称取 2,4-二硝基苯肼 2.0 g 溶于 80 mL 4.5 mol/L H_2SO_4溶液中，并定容至 100 mL，置冰箱过夜，过滤。于 4℃可稳定存放 1 周。

（4）50 g/L 硫脲：称 5 g 硫脲用双蒸水溶解，定容至 100 mL。于 4℃可稳定存放 1 个月。

（5）6 g/L $CuSO_4$溶液：称 0.6 g 无水硫酸铜，用双蒸水溶解并定容至 100 mL，室温下可稳定存放半年。

（6）H_2SO_4（9：1）溶液：量取浓 H_2SO_4 90 mL，慢慢倒入 10 mL 水中。

（7）维生素 C 标准贮存液（2 800 μmol/L）：用配制的偏磷酸溶液溶解 50 mg 维生素 C 并定容至 100 mL。

（8）维生素 C 标准应用液：用配制的偏磷酸溶液将维生素 C 标准贮存液稀释成 14 μmol/L、28 μmol/L、100 μmol/L 的维生素 C 标准应用液，当天配制。

（9）二硝基苯肼-硫脲-硫酸铜混合液：取 5 mL 6 g/L $CuSO_4$溶液加入到 5 mL 50 g/L 硫脲及 100 mL 20 g/L 2,4-二硝基苯肼溶液中，现用现配。

【实验器材】

可见分光光度计、试管（1.5 cm×15 cm）及试管架、吸量管（2 mL）、微量移液器（500 μL）、微量移液器吸头、涡旋振荡器、恒温水浴锅、离心机。

【实验方法与步骤】

（1）取 0.5 mL 血清加入到 2 mL 偏磷酸溶液中，混匀，室温下 3000 r/min 离心 10 min，吸取 1.2 mL 上清液加入到新试管中，标记为测定管。

（2）用吸管吸取 1.2 mL 各浓度标准应用液加入到试管中，标记为标准管。

（3）用吸管吸取 1.2 mL 偏磷酸加入到试管中作为空白，标记为空白管。

（4）向以上各管中加入二硝基苯肼-硫脲-硫酸铜混合液，混匀，于 37 ℃水浴 3 h。

（5）把各管放入冰水浴中冷却 10 min，向各管中加入 2.0 mL 冷的 H_2SO_4（9：1）溶液 2.0 mL，旋转并小心混匀，混匀后立即放入冰水浴中。

（6）在 520 nm 处用配制的偏磷酸溶液作空白调零，然后测标准管及测定管的吸光度。

（7）血清维生素 C（μmol/L）=测定管吸光度/标准管吸光度×维生素 C 标准应用液浓度×5

上式中“5”为样本稀释倍数。也可制作标准曲线，从标准曲线上查出所对应维生素 C 的浓度，再乘以稀释倍数 5 即可得出待测样品中维生素 C 的浓度。

【注意事项】

（1）溶血能引起维生素 C 迅速氧化，故肉眼可见溶血的样本均应弃去。

（2）血清不能立即测定，可加入偏磷酸或高氯酸置于–20 ℃保存 2 周，损失很少（约 3%）。

（3）硫脲可防止维生素 C 被氧化，可减少果糖和葡糖醛酸的干扰，又可促使苯腙的形成，最终溶液中硫脲的浓度应一致，否则影响吸光度。

（4）若溶液中含有糖，硫酸加得太快，产生的溶解热会使溶液变黑。

（5）试管自冰水中取出后，颜色会继续变深，所以加入硫酸后 30 min 应及时比色。

【临床意义】

（1）维生素 C 缺乏主要见于摄入不足，腹泻、肠手术、肠炎、消化性溃疡等因素会导致其吸收减少。水杨酸类药物可干扰维生素 C 在胃肠道的吸收，若长期服用此类药物也会导致维生素 C 的缺乏。

（2）维生素 C 过量主要见于服用大剂量维生素 C，特别是肾脏疾病的患者，其可导致维生素 C 来源与去路间的失衡，使维生素 C 在体内贮积，从而引起中毒反应。

【思考题】

（1）试述维生素 C 测定的临床意义。

（2）试述维生素 C 测定的其他方法。

（黄　桦）

实验 24　甲基百里香酚蓝法测定血清总钙

【实验目的】

（1）掌握甲基百里香酚蓝（methyl thymol blue，MTB）法测定血清总钙的原理及实验方法。

（2）掌握测定血清总钙的临床意义。

（3）了解测定血清总钙和离子钙的其他方法。

【实验原理】

血清钙在碱性溶液中与 MTB 结合，生成蓝色的络合物。加入适量的 8-羟基喹啉，可消除 Mg^{2+} 对测定的干扰，与经过同样处理的钙标准液进行比较，可以求得血清总钙的含量。

【实验对象】

血清或肝素抗凝血浆。

【实验试剂】

（1）MTB 贮存液：称取 8-羟基喹啉 4.0 g 溶于 50 mL 去离子水中，再加浓硫酸 5 mL，搅拌至溶解，移入 1000 mL 容量瓶中，加 MTB 0.2 g，聚乙烯吡咯烷酮（PVP）6.0 g，最后加去离子水至刻度，贮存于棕色瓶中，置冰箱保存。

（2）碱性溶液：取二乙胺溶液 35 mL 置于 1000 mL 容量瓶中，用去离子水稀释至刻度，室温保存。

（3）显色应用液：根据标本量取体积比为 1∶3 的 MTB 贮存液和碱性溶液，临用前配制。

（4）钙标准液：精确称取 250 mg 经 105～110 ℃干燥 12 h 的碳酸钙，置于 1000 mL 容量瓶中，加稀盐酸（浓盐酸与去离子水体积比为 1∶9）7 mL 溶解后，再加去离子水约 900 mL，然后用 500 g/L 乙酸铵溶液调至 pH 为 7.0，最后加去离子水至刻度，混匀。

【实验器材】

可见分光光度计、pH 计、试管（1.5 cm×15 cm）及试管架、吸量管（5 mL）、微量移液器、微量移液器吸头、漩涡混匀器、纯水机。

【实验方法与步骤】

（1）按表 2-34 进行操作。

表 2-34 MTB 法测血清总钙的操作步骤 （单位：mL）

试剂	空白管	标准管	测定管
血清	—	—	0.05
钙标准液	—	0.05	—
去离子水	0.05	—	—
显色应用液	4.0	4.0	4.0

（2）充分混匀，放置 10 min 后，于波长 610 nm 处比色，以空白管调零，读取标准管和测定管的吸光度值。

（3）结果计算：

$$\text{血清总钙（mmol/L）}=\frac{\text{测定管吸光度}}{\text{标准管吸光度}}\times\text{钙标准液浓度} \quad (2.33)$$

【注意事项】

（1）MTB 是酸碱指示剂，在 pH=6.5～8.5 时为浅蓝色，在 pH=10.5～11.6 时为灰色，pH=12.7 以上时为深蓝色。为保证结果的准确，必须在强碱性环境中进行测定。

（2）MTB 溶液在 pH<4.0 的情况下稳定，而在碱性条件下易被空气逐渐氧化褪色，故显色应用液需现用现配。

（3）所用的器材必须用去离子水严格清洗，以防止离子的污染。

（4）标本不能溶血；可用肝素抗凝血浆，不能用钙螯合剂和草酸盐抗凝。

（5）从接收标本到检测的最长时限是 4 h。如无法在 4 h 内完成，标本应保存在 2～8 ℃。如无法在 48 h 内完成，应保存在–20 ℃，但不可反复冻融。

【临床意义】

1. 血清钙增高 ①溶骨作用增强：如甲状旁腺功能亢进、代谢性酸中毒、肿瘤（多发性骨髓瘤、白血病等）。②小肠钙吸收增加：如维生素 D 摄入过量。

2. 血清钙降低 ①溶骨作用减弱，成骨作用增强：如甲状旁腺功能减退。②小肠钙吸收减少：如佝偻病和骨软化症。③肾功能不全：如慢性肾炎尿毒症。

【思考题】

（1）在血清钙测定中能消除镁离子干扰的物质是什么？

（2）简述血清钙检测的临床意义。

（黄 桦）

实验 25 亚铁嗪法测定血清铁与总铁结合力

【实验目的】

（1）掌握亚铁嗪法测定血清铁与总铁结合力的实验原理与方法。

（2）掌握血清铁与总铁结合力测定的临床意义。

【实验原理】

铁是人体必需的微量元素，人体内铁含量为 3～5 g，铁在体内分布很广，其中 67.58%分布于血红蛋白中。血清铁总量很低，血清中的非血红素铁均以 Fe^{3+}形式与运铁蛋白结合，所以在测定血清铁含量时，首先需要使 Fe^{3+}与运铁蛋白分离。大多数实验室测定血清铁的常规方法仍然是比色法。

血清中 Fe^{3+}与运铁蛋白结合成复合物，在酸性介质中，Fe^{3+}从复合物中解离出来，被还原剂还原成 Fe^{2+}，Fe^{2+}与亚铁嗪直接作用生成紫红色复合物，与同样处理的铁标准液比较，即可求得血清铁含量。

总铁结合力（TIBC）是指血清中运铁蛋白所能结合的最大铁量。将过量铁标准液加到血清中，使之与未结合铁的运铁蛋白结合，多余的铁被轻质碳酸镁粉吸附除去，然后测定血清中总铁含量，即为总铁结合力。

【实验对象】

血清样本。

【实验试剂】

（1）0.4 mol/L 甘氨酸-盐酸缓冲液（pH=2.8）：将 0.4 mol/L 甘氨酸溶液 58 mL、0.4 mo1/L 盐酸溶液 42 mL 和 Triton X-100 3 mL 混合后加入无水亚硫酸钠 800 mg，使之溶解。

（2）亚铁嗪显色剂：称取亚铁嗪[3-（2-吡啶基）-5,6-双（4-苯磺酸）-1,2,-三嗪]0.6 g 溶于去离子水 100 mL 中。

（3）1.79 mmol/L 铁标准贮存液：精确称取硫酸高铁铵[$FeNH_4(SO_4)_2·12H_2O$，G.R.]0.8635 g，置于 1 L 容量瓶中，加入去离子水约 50 mL，逐滴加入浓硫酸 5 mL，溶解后用去离子水定容至刻度，混匀。置棕色瓶中可长期保存。

（4）35.8 μmol/L 铁标准应用液：吸取铁标准贮存液 2 mL，加入去离子水约 50 mL 及浓硫酸 0.5 mL，再用去离子水稀释至 100 mL，混匀。

（5）179 μmol/L TIBC 铁标准液：准确吸取铁标准贮存液 10 mL，加入去离子水约 50 mL 及浓硫酸 0.5 mL，再用去离子水稀释至 100 mL，混匀。

（6）轻质碳酸镁粉（A.R.）。

【实验器材】

可见分光光度计、纯水机、离心机、吸量管（10 mL、5 mL、2 mL、1 mL）、试管（1.5 cm×15 cm）及试管架。

【实验方法与步骤】

1. 血清铁测定 取试管 3 支，标明测定管、标准管和空白管，按表 2-35 操作。

表 2-35 亚铁嗪比色法测定血清铁操作表（单位：mL）

试剂	测定管	标准管	空白管
血清	0.45	—	—
35.8 μmol/L 铁标准应用液	—	0.45	—
去离子水	—	—	0.45
0.4mol/L 甘氨酸-盐酸缓冲液	1.2	1.2	1.2
混匀，在 562 nm 波长处，以空白管调零，读取测定管吸光度（血清空白）			
亚铁嗪显色剂	0.05	0.05	0.05

混匀，室温放置 15 min 或 37 ℃放置 10 min，再次读取各管吸光度。

2. 血清总铁结合力测定 在试管中加入血清 0.45 mL，179 μmol/L 总铁结合力铁标准液 0.25 mL 及去离子水 0.2 mL，充分混匀后，室温放置 10 min，加入碳酸镁粉末 20 mg，在 10 min 内振摇数次，3000 r/min 离心 10 min，取上清液与上述血清铁测定同样操作，具体操作见表 2-36。

表 2-36　亚铁嗪比色法测定血清总铁结合力操作表　（单位：mL）

试剂	测定管	标准管	空白管
上清液	0.45	—	—
35.8 μmol/L 铁标准应用液	—	0.45	—
去离子水	—	—	0.45
0.4 mol/L 甘氨酸-盐酸缓冲液	1.2	1.2	1.2
混匀，在 562 nm 波长处，以空白管调零，读取测定管吸光度（血清空白）			
亚铁嗪显色剂	0.05	0.05	0.05

混匀，室温放置 15 min 或 37 ℃放置 10 min，再次读取各管吸光度。

3. 计算

$$血清铁(\mu mol/L)=\frac{A_{测定}-(A_{血清空白}\times 0.97)}{A_{标准}}\times 铁标准应用液浓度 \quad (2.34)$$

$$血清总铁结合力(\mu mol/L)=\frac{A_{测定}-(A_{血清空白}\times 0.97)}{A_{标准}}\times 铁标准应用液浓度\times 2 \quad (2.35)$$

上式中的“2”为样本测试前的稀释倍数。两次测定吸光度时溶液体积不同，结果应将血清空白吸光度乘以体积校正值 0.97（0.165/0.170）。

【注意事项】

（1）实验用水必须经过去离子处理。玻璃器材必须用 10%（*V*/*V*）盐酸溶液浸泡 24 h，取出后再用去离子水冲洗后方可应用。应避免与铁器接触，以防止污染。所用试剂要求纯度高，含铁量极微。

（2）溶血标本对测定有影响，应避免溶血。

（3）标准液呈色可稳定 24 h；血清呈色可稳定 30 min，应在 1 h 内完成比色。

（4）方法评价：在 140 μmol/L 以下线性良好；回收率 98.3%～100.56%；干扰试验，Hb>250 mg/L 时结果偏高 1%～5%；胆红素为 102.6～171 μmol/L 时结果升高 1.9%～2.8%；三酰甘油为 5.65 μmol/L 时结果升高 5.6%；铜为 31.4 μmol/L 时结果升高 0.33 μmol/L；在生理条件下铜与铜蓝蛋白结合，故对铁的测定基本上无干扰。

（5）正常参考范围

1）血清铁：成年男性，11～30 μmol/L（600～1700 μg/L）；成年女性，9～27 μmol/L（500～1500 μg/L）。

2）血清总铁结合力：成年男性，50～77 μmol/L（2800～4300 μg/L）；成年女性，54～77 μmol/L（3000～4300 μg/L）。

【临床意义】

1. 血清铁降低　见于以下情况。

（1）体内总铁不足：如营养不良、铁摄入不足或胃肠道病变、缺铁性贫血。

（2）铁丢失增加：如泌尿道、生殖道、胃肠道的慢性长期失血。

（3）铁的需要量增加：如妊娠期及婴儿生长期、感染、尿毒症等。

2. 血清铁增高　见于血色素沉着症（含铁血黄素沉着症）；溶血性贫血：红细胞释放铁增加；肝坏死：贮存铁从肝放出；铅中毒、再生障碍性贫血、血红素合成障碍，如铁粒幼红细胞贫血等铁利用障碍和红细胞生成障碍。

3. 血清总铁结合力增高　见于各种缺铁性贫血：运铁蛋白合成增强；肝细胞坏死等：贮存铁蛋白从单核吞噬细胞系统释放入血液增加。

4. 血清总铁结合力降低　见于遗传性运铁蛋白缺乏症：运铁蛋白合成不足；肾病、尿毒症：

运铁蛋白丢失；肝硬化、血色素沉着症：贮存铁蛋白缺乏。

（郑红花）

实验26 酶标仪的应用：血清铁蛋白的测定

【实验目的】

（1）掌握血清铁蛋白测定的实验原理与方法。

（2）掌握血清铁蛋白测定的临床意义。

【实验原理】

试剂盒采用双抗体一步夹心法酶联免疫吸附试验（enzyme linked immunosorbent assay，ELISA）。向预先包被铁蛋白（ferritin，FE）抗体的微孔中依次加入标本、标准品、辣根过氧化物酶（horseradish peroxidase，HRP）标记的检测抗体，经过温育并彻底洗涤。用底物TMB显色，TMB在过氧化物酶的催化下转化成蓝色，并在酸的作用下转化成最终的黄色。颜色的深浅和样品中的FE的量呈正相关。用酶标仪在450 nm波长下测定吸光度（OD值），计算样品浓度。

【实验对象】

血清样本。

【实验试剂】

本ELISA试剂为商品化检测试剂盒，具体试剂组成如下：①血清铁蛋白标准品；②样本稀释液；③HRP标记检测抗体；④20×洗涤缓冲液；⑤底物A；⑥底物B；⑦终止液。

【实验器材】

离心管、酶标仪（适用于450 nm检测）、恒温水浴锅、微量加样器、微量移液器吸头、酶标板、封板膜、吸水纸。

【实验方法与步骤】

1. 血清的准备 使用不含热原和内毒素的离心管，操作过程中避免任何细胞刺激，收集血液后，以3000 r/min离心10 min，将血清和红细胞迅速小心地分离。收集上清液备用。

2. ELISA检测 按试剂盒说明书操作，具体如下所示。

（1）将试剂盒置于室温平衡20 min。

（2）从铝箔袋中取出所需板条，剩余板条用自封袋密封于4 ℃保存。

（3）配制不同浓度的标准品（S_0～S_5），浓度依次为0 ng/mL、7.5 ng/mL、15 ng/mL、30 ng/mL、60 ng/mL、120 ng/mL。

（4）设置标准品孔和样本孔，标准品孔各加不同浓度的标准品50 μL。

（5）向样本孔中先加待测样本10 μL，再加样本稀释液40 μL；空白孔不加。

（6）除空白孔外，标准品孔和样本孔中每孔加入HRP标记的检测抗体100 μL，用封板膜封住反应孔，37 ℃水浴锅或恒温箱温育60 min。

（7）20×洗涤缓冲液的稀释：与双蒸水按1∶20稀释（*V*/*V*）。

（8）弃去液体，将微孔板倒置于吸水纸上拍干，每孔加满洗涤液，静置1 min，甩去洗涤液，置于吸水纸上拍干，如此重复洗板5次（也可用洗板机洗板）。

（9）每孔加入底物A、B各50 μL，37 ℃避光孵育15 min。

（10）每孔加入终止液50 μL，15 min内，在450 nm波长处测定各孔的OD值。

3. 绘制标准曲线及计算 在Microsoft Office Excel工作表中，以标准品浓度为横坐标，对应OD值为纵坐标，绘制出标准品线性回归曲线，按曲线方程计算各样本浓度值。

【注意事项】

（1）试剂盒保存在2～8 ℃，使用前室温平衡20 min。从冰箱取出的浓缩洗涤液会有结晶，这属于正常现象，水浴加热使结晶完全溶解后再使用。

（2）实验中不用的板条应立即放回自封袋中，密封（低温干燥）保存。

（3）浓度为0的S_0号标准品即可视为阴性对照或者空白；按照说明书操作时样本已经稀释5倍，最终结果乘以5才是样本实际浓度。

（4）严格按照说明书中标明的时间、加液量及顺序进行温育操作。

（5）所有液体组分使用前均应充分摇匀。

（6）为保证结果的准确性，每组可以设定2～3个复孔。

【临床意义】

血清铁蛋白（serum ferritin，SF）测定的临床意义：在一般情况下，SF与组织内非血红素铁呈很好的相关性，和骨髓可染铁呈正相关，和铁吸收率呈负相关。因此SF是检查机体铁营养状态、反映缺铁或铁负荷过度的有效指标，广泛应用于缺铁人群的筛检。

网状内皮细胞储铁减少是SF降低的唯一原因，但SF正常值的低限很难确定。多数以250～300 μg/L为SF增高。

SF增高多见于以下情况。

（1）铁负荷过度：如原发性血色病，β-珠蛋白生成障碍性贫血反复输血后。

（2）肝脏疾病，如酒精性肝硬化、药物性肝炎、病毒性肝炎。

（3）急性感染和炎症性疾病可促进去铁铁蛋白合成，使SF增高。去铁铁蛋白是一种急性时相蛋白，炎症时可增高。

（4）恶性肿瘤：可使SF合成增加，类似炎症性疾病。因肿瘤浸润、坏死使SF释放增加，同时肝清除SF的能力降低且肿瘤细胞合成铁蛋白增多。但是，由于SF的影响因素比较多，因此其不能作为恶性肿瘤的诊断指标，也不能预测恶性肿瘤复发。

【思考题】

（1）血清铁蛋白测定的影响因素有哪些？

（2）血清铁蛋白含量的升高或降低分别常见于哪些疾病？

（郑红花）

第四节　层 析 技 术

一、层析技术的基本原理

（一）层析技术概述

层析技术是近代生物化学最常用的分离技术之一，它利用混合物中各组分理化性质（吸附力、分子形状和大小、分子极性、分子亲和力、分配系数等）的差异，在物质经过两相时，不断地进行交换、分配、吸附及解吸附等过程，由此经过相同的重复过程而将各组分分离。配合相应的光学、电学和电化学检测手段，其可用于定性、定量和纯化某种物质，纯度高达99%。层析法的特点是分离率、灵敏度（pg～fg级）、选择性均高，尤其适合样品含量少而杂质含量多的复杂生物样品的分析。各种层析均由固定相和流动相组成，固定相可以是固体也可以是液体，但这个液体必须附载在某个固体物质上，该物质称载体或担体（support），同样流动相可以是液体也可以是气体。

（二）层析技术的基本原理

1. 层析技术的原理 层析系统都由两个相组成：一个相是固定相，它可以是固体物质，也可以是固定于固体物质上的成分；另一个相是流动相。当待分离的混合物通过固定相时，由于各组分的理化性质存在差异，所以与两相发生相互作用（吸附、溶解、结合等）的能力不同，在两相中的分配（含量对比）也不同，与固定相相互作用越弱的组分，随流动相移动时受到的阻滞作用越小，向前移动的速度越快。反之，与固定相相互作用越强的组分，向前移动速度越慢。分步收集流出液，可得到样品中所含的各单一组分，从而达到将各组分分离的目的。

2. 层析的基本概念

（1）分离度（resolution，*R*s）：又称分辨率，是衡量相邻两个峰分离程度的指标，*R*s 等于相邻色谱峰保留值之差的 2 倍与两色谱峰峰基宽之和的比值。图 2-7 是计算分辨率的示意图。

$$Rs = 2\Delta Z / W_A + W_B = 2[(t_R)_A - (t_R)_B] / W_A + W_B \quad (2.36)$$

式中，$(t_R)_A$ 为组分 1 从进样点到对应洗脱峰值之间洗脱液的总体积；$(t_R)_B$ 为组分 2 从进样点到对应洗脱峰值之间洗脱液的总体积；W_A 为组分 1 的洗脱峰宽度；W_B 为组分 2 的洗脱峰宽度。

由式（2.36）可见，两个峰尖之间距离越大，*R*s 值越大，分离效果越好；两峰宽度越大，*R*s 值越小，分离效果越差。

当 *R*s=1 时，两组分具有较好的分离，互相沾染约 2%，即每种组分的纯度约为 98%。当 *R*s=1.5 时，两组分基本完全分开，每种组分的纯度可达 99.8%。

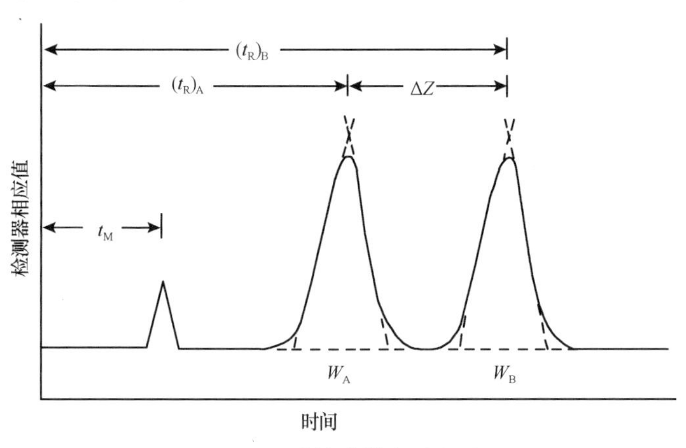

图 2-7 计算分辨率示意图

（2）柱选择性

1）分配系数（distribution coefficient）：是指一定条件下，某种组分在固定相和流动相间达到平衡时，它在固定相和流动相中平均含量（浓度）的比值，常用 *K* 来表示。

$$K = c_s / c_m \quad (2.37)$$

式中，c_s 为固定相中的浓度；c_m 为流动相中的浓度。

分配系数是层析中分离纯化物质的主要依据，是由物质本性决定的。两个组分的分配系数越相近，两个层析峰重合性就越大；反之，分配系数差别越大，两峰间距离也越大。

分配系数主要与下列因素有关：①被分离物质本身的性质；②固定相和流动相的性质；③层析柱的温度。

2）迁移率（mobility）：是指一定条件下，在相同的时间内某一组分在固定相移动的距离与流动相本身移动距离的比值，常用 R_f 表示（$R_f \leqslant 1$）。可以看出，*K* 增大，则 R_f 减小；反之，*K* 减小，则 R_f 增大。

实验中还常用相对迁移率的概念。相对迁移率是指一定条件下，在相同时间内，某一组分在固定相中移动的距离与某一标准物质在固定相中移动距离的比值。其可以小于等于 1，也可以大于 1，

用 R_x 表示。不同物质的分配系数或迁移率是不同的。分配系数或迁移率的差异程度是决定几种物质采用层析方法能否分离的先决条件。很显然，差异越大，分离效果越理想。

3）分配比（distribution ratio）：表示在一定条件下，组分在固定相及流动相中达到平衡绝对量的比值，又称容量因子。用 k 表示

$$k = M_s / M_m = C_s V_s / C_m V_m = K V_s / V_m \quad (2.38)$$

式中，M_s 和 M_m 分别为固定相和流动相中组分的绝对量；V_s 和 V_m 分别为固定相及流动相在层析柱中的体积。

分配比不仅反映溶质在某两相间的分配系数，还反映柱对被分离组分容量的大小，即在实验条件下，固定相和流动相对组分的容量。k 越小，则组分在柱中停留时间越短，即 t_R 越小；反之，k 越大，即 t_R 也越大。所以，组分在两相中的分配比也等于组分在两相中的停留时间比。这样，通过实验直接从层析图上量取 t_R 及 t_M，前者与后者的差值即为调整后的停留时间 t'_R，求出 t'_R 后通过公式计算 k 值。

$$k = t'_R / t_M = V'_R / V_m \quad (2.39)$$

式中，V'_R 表示调整保留体积，即保留体积（V_R，组分从进样到柱后出现浓度极大值时所通过的流动相体积）与 V_m 的差值

4）分配系数与保留值之间的关系：将上述两个分配比的式（2.38）与式（2.39）合并，可得到分配系数与保留值之间的关系式。

$$V'_R = V_R - V_m = K V_s \quad (2.40)$$

$$t'_R = K V_s t_m / V_m \quad (2.41)$$

式（2.40）和式（2.41）是层析分析的基本方程。它说明当实验条件一定时，V_s、V_m 及 t_m 为常数，保留值与分配系数成正比。分配系数是由溶质本性所决定的，所以保留值是定性的依据。

5）分离因子：两个待分离组分的分配系数的比值，即保留值的比值，称为分离因子。可用 α 表示。

$$\alpha = K_2 / K_1 = t'_{R_2} / t'_{R_1} \quad (2.42)$$

当 α=1 时，峰重叠，分离因子越大，表示柱选择性越高。

（3）柱效：任何一种层析过程都是一个连续过程，各组分在流动相和固定相之间不断进行分配，但无法具体计算在某一点上的平衡情况。现以柱层析为例说明，某一组分随流动相经过一定距离后，流动相中某组分的平均浓度与固定相的平均浓度达到分配平衡，完成这一平衡所需要的层析柱的柱长称为板高或理论塔板等效高度，用 H 表示。一定柱长（L）中含有多少板高（H）称为理论塔板数（n），即

$$n=L/H \quad (2.43)$$

式中，n 为理论塔板数；L 为柱长；H 为板高。

显然，H 越小，n 就越大，表明组分在两相间的分配次数也越多，分离效果就越好，柱效就越高。因而习惯上以塔板数的多少来衡量柱效的高低。塔板数的理论推导和计算较复杂，这里不做详细介绍。其最终以数学公式表示为

$$n = (\Delta t_R / \sigma)^2 = 16(\Delta t_R / W)^2 \quad (2.44)$$

实际计算理论塔板数时，只要在层析图谱上测出某组分的保留值和一定纸速下相应的峰宽，就可计算出某一实验条件下理论塔板数的近似值，进而衡量柱效。若要得到真正的塔板数，必须扣除未被固定相所占有的空间死体积（如柱的接口、连接柱接口的管路体积）和流动相充满死体积时所需的时间，此时得到的塔板数称为有效塔板数（n_{eff}）。故式（2.44）可转化为

$$n_{eff} = 5.54(\Delta t_R / W_{1/2})^2 \quad (2.45)$$

二、层析技术的分类

（一）按固定相基质的形式分类

（1）纸层析（paper chromatography）：以滤纸作为液体的载体，点样后用流动相展开，以达到

组分分离目的。

（2）薄层层析（thin layer chromatography）：以一定颗粒度的不溶性物质为载体，使其均匀涂铺在薄板上，点样后用流动相展开，使组分达到分离。

（3）柱层析（column chromatography）：将固定相装柱后，使样品沿一个方向移动，以达到分离目的。

（二）按流动相形式分类

1. 气相层析 是指流动相为气体的层析。测定样品时需要气化，因而大大限制了其在生化领域的应用。气相层析主要用于氨基酸、核酸、糖类和脂肪酸等小分子的分析鉴定。

2. 液相层析 是指流动相为液体的层析，是生物领域最常用的层析形式，适用于生物样品的分析、分离。

（三）按层析原理分类

（1）凝胶过滤层析（gel filtration chromatography）：又称分子筛层析，是以具有网状结构的凝胶颗粒作为固定相，根据物质的分子大小进行分离的一种层析技术。其利用凝胶层析介质（固定相）交联度的不同形成大小不同的网状孔径，在层析时能阻止比网孔直径大的生物大分子通过。利用流动相中溶质的分子量大小差异进行分离的方法又称为排阻层析。

（2）离子交换层析（ion exchange chromatography）：是以离子交换剂为固定相，根据物质的带电性质不同而进行分离的一种层析技术。其利用固定相球形介质表面具有活性的离子交换基团的性质，通过静电相互作用，将具有交换能力的离子基团固定在固定相上面，这些离子基团可以与流动相中的离子发生可逆性离子交换反应，从而进行分离。

（3）亲和层析（affinity chromatography）：是根据生物大分子和配体之间的特异性亲和力（如酶和抑制剂、抗体和抗原、激素和受体等），将某种配体连接在载体上作为固定相，而对能与配体特异性结合的生物大分子进行分离的一种层析技术。亲和层析是分离生物大分子最为有效的层析技术，具有很高的分辨率。在固定相载体表面偶联具有特殊亲和作用的配基，这些配基可以和流动相中的溶质分子发生可逆的特异性结合而进行分离。

（4）吸附层析（absorption chromatography）：是利用介质表面的活性分子或活性基团对流动相中不同溶质吸附能力的强弱进行分离的一种方法。

（5）分配层析（partition chromatography）：是在一个有两相同时存在的溶剂系统中，根据不同物质的分配系数不同而达到分离目的的一种层析技术。被分离组分在固定相和流动相中不断发生吸附和解吸附的作用，在两相之间进行分配。利用被分离物质在两相中分配系数的差异进行分离。

（6）金属螯合层析（metal chelating chromatography）：以固定相载体上偶联的亚氨基乙二酸为配基，二价金属离子可与其发生螯合作用而结合在固定相上。其是一种利用二价金属离子可以与流动相中含有的半胱氨酸、组氨酸、咪唑及其类似物发生特异螯合作用而进行分离的方法。

（7）疏水层析（hydrophobic chromatography）：利用固定相载体上偶联的疏水性配基与流动相中的一些疏水分子发生可逆性结合而进行分离的方法。

（8）反相层析（reverse phase chromatography）：固定相载体上偶联的疏水性较强的配基在一定非极性的溶剂中能够与溶剂中的疏水分子发生作用。其是一种以非极性配基为固定相，极性溶剂为流动相来分离不同极性的物质的方法。

（9）聚焦层析（focusing chromatography）：其利用固定相载体上偶联的载体两性电解质分子在层析过程中所形成的 pH 梯度，与流动相中不同等电点的分子发生聚焦反应进行分离。

（10）贯流层析（perfusion chromatography）：其利用刚性较强的层析介质颗粒中大小不同的穿孔与流动相中溶质分子相对分子质量的差异进行分离。

几种常用层析技术的比较如表 2-37 所示。

表 2-37 几种常用层析技术的比较

方法	原理	优点	缺点	应用范围
凝胶过滤层析	固定相是多孔凝胶，各组分的分子大小不同，因而在凝胶上受阻滞的程度不同	分辨率高，不会引起变性	各种凝胶介质昂贵，处理量有限制	分子量有明显差别的可溶性生物大分子
离子交换层析	固定相是离子交换剂，各组分与离子交换剂亲和力不同	分辨力高，处理量较大	需酸碱处理树脂，平衡洗脱时间长	能带电荷的生物大分子
亲和层析	固定相只能与一种待分离组分专一结合，以此和无亲和力的其他组分分离	分辨力很高	一般配体只能用于一种生物大分子，局限性大	各种生物大分子
吸附层析	固定相是固体吸附剂，各组分在吸附剂表面的吸附能力不同（化学、物理吸附）	操作简便	易受离子干扰	各种生物大分子的分离、脱色和去热原
分配层析	各组分在流动相和静止液相（固定相）中的分配系数不同	分辨力高，重复性较好，能分离微量物质	影响因子多，上样量太少	用于各种生物大分子的分析鉴定

三、层析技术的临床应用

（一）离子交换层析的应用

庆大霉素、小诺米星的提炼应用了离子交换层析技术。庆大霉素的提炼过程中，酸化的目的在于将庆大霉素从菌丝体中释放出来，为了便于离子交换，之后将酸化液中和，再于中性溶液中投入 732 强酸性阳离子交换树脂。因为庆大霉素属于碱性抗生素，是有机碱，能与多种酸成盐，在水溶液中以离子状态 G^+存在，可以被阳离子树脂吸附；对吸附了庆大霉素的 732 树脂进行洗涤，先用稀酸洗至无 Ca^{2+}、Mg^{2+}，接着用无盐水洗至无 Cl^-，然后用稀氨洗去小组分杂质，最后用浓氨进行洗脱，洗脱液（解吸液）用 711 阴离子交换树脂进行脱色，然后经浓缩、转盐、活性炭脱色、喷雾干燥即得庆大霉素成品。

（二）凝胶层析的应用

分级分离是将分子量相差不很大的大分子物质进行分离，如分离血清球蛋白与白蛋白。对于这种分子量相近的物质的分离常常选用排阻限略大于样品中最高分子量的凝胶，即 $0 \leqslant K_d \leqslant 1$，$K_d$ 为分配系数。如果样品中含有 3 个组分，最好第一个接近全排阻，第二个接近全渗入，第三个为部分渗入，且分子量大于渗入限的 3 倍，并小于排阻限的 1/3。

1. 脱盐和浓缩 属类分离，选择凝胶使大分子组为全排阻，小分子组为全渗入（K_d=1）。脱盐用的凝胶多为大粒度、高交联度的凝胶。因为交联度大，凝胶颗粒的强度较好；粒度大，柱层操作比较便利，流速也高。洗脱液多为易挥发盐的缓冲溶液；因为用水洗脱时，有些蛋白质脱盐后溶解度下降，造成被凝胶吸附甚至以沉淀状态析出。样品体积最好不大于内水体积的 1/3，以便得到理想的脱盐效果。主要方法有：①柱层析；②包埋法，将样品置于透析袋中，把透析袋埋入干胶颗粒堆内，经过一段时间后，样品中的盐与水分一起被干胶吸收；③直接投入法，即将一定量的干胶投入样品容器或直接使样品溶液从干胶柱上流下。

2. 分离纯化 用葡聚糖凝胶分离多组分混合物，除利用分子筛效应外，还可利用某些物质与凝胶具有程度不等的弱吸附作用的性质。用 Sephadex G-25 分离氨基酸混合物，各个氨基酸流出的先后顺序并不是按分子量大小的顺序，而是按照吸附作用强弱的顺序：其中的两种酸性氨基酸——谷氨酸（pI 3.22）、甘氨酸（pI 5.97）先被流出；pI 分别为 5.48 和 5.66 的苯丙氨酸和酪氨酸，由于两者是苯环化合物，存在弱吸附，故后被流出；而色氨酸是杂环化合物，它与碱性氨基酸一样，均与葡聚糖凝胶具有较强的吸附作用，碱性氨基酸吸附最强，所以最后流出。

3. 分子量测定方法 标准曲线法。先以 3 个以上的已知分子量的标准蛋白（有标准蛋白商品出售）过柱，测取各目 V_e 值（标准蛋白的洗脱体积），以 V_e 为纵坐标，lg$M$（蛋白质分子量的对数）为横坐标制作标准曲线，之后在同一测定系统测取未知物质的 V_e 值，即可由标准曲线求得分子量。注意：测得的分子量是近似分子量，误差为±10%。该法操作简便，需要样品量较少，实用价值较大。

（三）亲和层析的应用

人们发现生物体中许多高分子化合物具有和某些相对应的专一分子可逆结合的特性，如酶与底物、抗原与抗体、激素与受体、核糖核酸与其互补的脱氧核糖核酸、多糖与蛋白质复合体等。生物分子间的这种结合能力称为亲和力，根据生物分子特异亲和力而设计的层析技术称为亲和层析。在亲和层析中起可逆结合的特异性物质称为配基，与配基结合的层析介质称为载体。由于亲和层析技术具有简便、快速、专一和高效的特点，应用十分广泛，已普及生命科学的各个领域，应用范围如下：①提取、分离纯化、浓缩各类生物分子；②分离纯化各种功能细胞、细胞器、膜片段和病毒颗粒；③用于各种生化成分的分析检测；④其他。亲和层析的最大优点是从粗提液中经过一次简单的处理便可得到所需的高纯度活性物质。例如，分离胰岛素受体时，把胰岛素作为配基偶联于琼脂载体上，经亲和层析，从肝脏匀浆中提取胰岛素受体，该受体经一步处理就被纯化并浓缩了 8000 倍。

（四）金属螯合亲和层析的应用

利用含汞树脂分离谷胱甘肽，谷胱甘肽中的半胱氨酸含有巯基，巯基化合物与汞具有很强的亲和作用，因此用含汞树脂提取巯基化合物能取得很好的效果。谷胱甘肽多从酵母中提取，也可从啤酒生产的废酵母中提取。酵母的提取液中除了含谷胱甘肽外，还含有其他含巯基的氨基酸和短肽，含汞树脂对这些物质也有一定的吸附作用。可通过调节酵母提取液的 pH 改变树脂对各种杂质成分的吸附力，以达到分离的目的。

（五）有机染料亲和层析应用

苯丙氨酸脱氢酶的纯化应用了有机染料亲和层析法，将一种模拟生物的染料配基（商品名：Procion Red HE-3B）结合在 Sepharose CL-4B 上。Procion Red HE-3B 与以 NAD^+/NADH 作辅酶的酶有特异性的结合，因而可用于分离这种类型的酶。将含有苯丙氨酸脱氢酶的酶提取液上柱，亲和柱专一性地吸附苯丙氨酸脱氢酶，然后用平衡缓冲液洗去杂蛋白，再用 1 mmol/L 的 NADH（配于平衡缓冲液中）将酶洗脱下来。经过这种方法纯化的酶，达到了诊断用酶制剂的纯度要求。苯丙氨酸脱氢酶可作为诊断试剂用于测定和监测遗传性代谢疾病苯丙酮尿症，其作为诊断用酶制剂的市场很大。

（钱　晶）

实验 27　肝组织的转氨基作用（纸层析法）

【实验目的】

（1）掌握纸层析法的原理和方法。

（2）熟悉相关氨基转移酶的临床意义。

【实验原理】

转氨基作用是氨基酸代谢的一个重要反应。在氨基转移酶作用下，氨基酸的氨基转移到 α-酮酸上。每种转氨基反应均由专一的氨基转移酶催化。氨基转移酶广泛分布于机体各器官、组织。例如，肝细胞中存在的谷丙转氨酶能催化 α-酮戊二酸与丙氨酸之间的转氨基作用，反应式如下所示。

$$\underset{\alpha\text{-酮戊二酸}}{HOOC-CH_2-CH_2-C(=O)-COOH} + \underset{\text{丙氨酸}}{CH_3-CHNH_2-COOH} \xrightleftharpoons{\text{谷丙转氨酶}} \underset{\text{谷氨酸}}{HOOC-CH_2-CH_2-CHNH_2-COOH} + \underset{\text{丙酮酸}}{CH_3-C(=O)-COOH}$$

纸层析以滤纸作为支持物，与滤纸纤维素结合的水（占纸重的20%～30%）称为层析中的固定相。另一种和固定相不能混合或部分混合的溶剂则为流动相。把欲分离的物质加在纸的一端，并使流动相借滤纸的毛细现象移动，此时待分离溶质因分配系数不同而逐渐分布于滤纸的不同部位。层析过程中或层析结束时，用显色剂使被分离的物质显出颜色，称为色斑。分配在固定相中趋势较大的成分在纸上随流动相移行的速度较小，色斑距原点的位置就较近。反之，分配在固定相内趋势较小的成分移行较远，色斑位置离原点也较远。溶质在纸上的移动速率可用比移值（R_f）表示。

$$R_f=\frac{\text{色斑中心至点样原点中心的距离}}{\text{溶剂前缘至点样原点中心的距离}} \tag{2.46}$$

同一氨基酸在相同的层析条件下 R_f 值相同，不同氨基酸在相同层析条件下 R_f 值不同，因此可以根据 R_f 值来鉴定被分离的氨基酸。层析时，用显色剂茚三酮使氨基酸显色，将样品氨基酸的 R_f 值与标准氨基酸的 R_f 值比较，即可确定所分离氨基酸的种类。

【实验对象】

新鲜动物肝脏。

【实验试剂】

（1）0.2 mol/L 磷酸缓冲液（pH=7.4）：Na_2HPO_4 溶液 81 mL 与 0.2 mol/L NaH_2PO_4 溶液 19 mL 混匀，再用双蒸水稀释 20 倍。

（2）0.1 mol/L 丙氨酸溶液：称取丙氨酸 0.891 g 溶于少量磷酸缓冲液（pH=7.4，下同）中，以 0.1 mol/L NaOH 溶液仔细调节至 pH=7.4 后，用磷酸缓冲液定容至 100 mL。

（3）0.1 mol/L 谷氨酸溶液：称取谷氨酸 0.735 g，先溶于少量磷酸缓冲液中，以 1 mol/L NaOH 溶液仔细调节至 pH=7.4 后，用磷酸缓冲液定容至 50 mL。

（4）0.1 mol/L α-酮戊二酸溶液：称取 α-酮戊二酸 1.46 g 溶于少量磷酸缓冲液中，以 1 mol/L NaOH 溶液仔细调至 pH=7.4 后，用磷酸缓冲液定容至 100 mL。

（5）层析剂（展开剂）：取 100 mL 重蒸苯酚与 25 mL 双蒸水摇匀，加入茚三酮使其终浓度达 0.1%。

【实验器材】

研钵、剪刀、恒温水浴锅、点样毛细管、漏斗、表面皿或小平皿、新鲜动物肝脏、直径 10 cm 的圆形新华滤纸（层析用）、直径 15 cm 的圆形新华滤纸（过滤用）、试管（1.5 cm×15 cm）及试管架、电炉或吹风机或鼓风干燥箱、培养皿（直径 10 cm）圆规、滤纸。

【实验方法与步骤】

1. 肝匀浆制备　称取新鲜的动物肝脏 1 g，放入研钵中用剪刀剪碎，取 9 mL 冰冷磷酸缓冲液，先加入 2 mL，迅速研磨肝脏成匀浆，再加入 7 mL。

2. 保温（酶促反应）　取干燥试管 2 支，分别标为测定管与对照管，各加入肝匀浆 0.5 mL。测定管放入 37 ℃水浴中保温 10 min，对照管放入沸水浴中煮 10 min，冷却后于两管中分别加入 0.1 mol/L 丙氨酸溶液 0.5 mL、0.1 mol/L α-酮戊二酸溶液 0.5 mL 和磷酸缓冲液 1.5 mL，摇匀，放入 37 ℃水浴保温 1 h，保温完毕，立即将测定管放入沸水浴中煮 10 min 以终止反应，取出冷却后，将测定管和对照管分别过滤，收集滤液于试管中备用，并分别标为测定管与对照管。

3. 层析与显色　取直径为 10 cm 的圆形新华滤纸一张，用圆规作半径为 0.5 cm 的同心圆，通过圆心作三条夹角分别为60°的直线（图 2-8），与同心圆有 6 个交点，按顺时针标记各点。在 1、4 两点分别点 0.1 mol/L 丙氨酸溶液和 0.1 mol/L 谷氨酸溶液 2 次。方法是用毛细点样管在滤纸上点样，注意斑点不要太大（一般直径约 0.3 cm），而且每点 1 次应待晾干后再点第 2 次。照此方法，在 2、5 处各点测定管过滤液 3 次，在 3、6 两处各点对照管过滤液 3 次。

在滤纸圆心处打一小孔（如铅笔芯大小，直径为 1～2 mm），另取同类滤纸条约 1 cm×2 cm，下一半剪成须状，卷成圆筒如灯芯，插入小孔，稍突出滤纸面即可。

将层析剂放入直径为 3～5 cm 的干燥表面皿或小平皿中，表面皿或小平皿置于直径为 10 cm 的培养皿中，将要层析的滤纸平放在培养皿上，滤纸芯浸入溶剂中，而后再盖一培养皿以封闭（图 2-9），这时可见层析溶剂沿滤纸芯上升到滤纸，再向四周扩散，当溶剂前缘距滤纸边缘 1 cm 时（约 45 min）即可取出，用电炉烤干或吹风机吹干或在 60 ℃鼓风干燥箱中烘干，此时可见紫色的同心弧色斑出现，比较色斑的位置，计算各斑点物质的 R_f 值，分析实验结果。

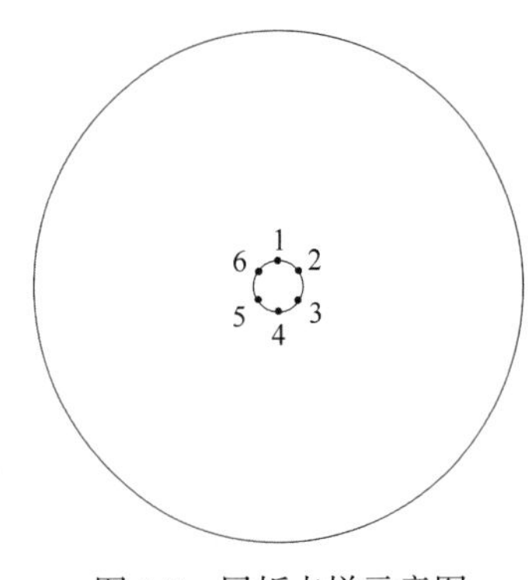

图 2-8 层析点样示意图

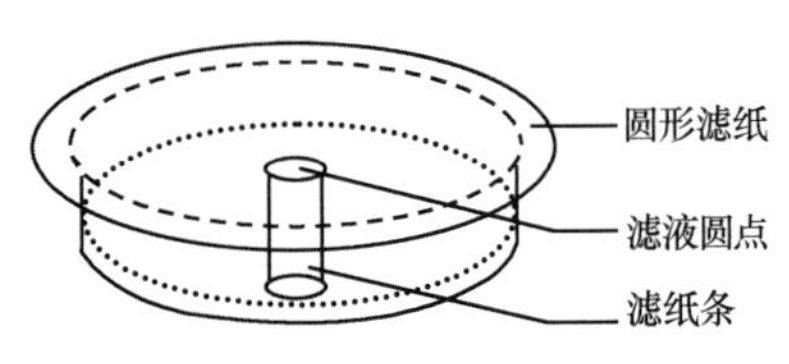

图 2-9 圆形纸层析装置示意图

【注意事项】

（1）滤纸芯卷得不要太紧，且要呈圆筒状，否则展层不呈圆形。

（2）在点样前应将手洗净，手只能拿滤纸的边缘，以免手指的汗渍等污染显色，影响结果的观察分析。

（3）展层完毕，要画出溶剂前缘的轮廓，然后再干燥，以便计算 R_f 值。

（4）展开剂在滤纸各个方向的移动速度不完全相同，如顺纹理方向溶剂移动的速度要快一些，因此计算 R_f 值时不能一概而论。

【思考题】

（1）测定 R_f 值的意义是什么？

（2）纸层析法分离氨基酸的原理是什么？

（3）本实验中固定相、流动相各是什么？

（徐伯赢）

实验 28 脂质提取、脂质的薄层层析方法

【实验目的】

（1）了解薄层层析的原理。

（2）了解薄层层析的操作方法。

（3）掌握从蛋黄中提取脂类物质的方法。

（4）了解蛋黄中脂类物质的组成成分。

【实验原理】

薄层层析又称薄层色谱，是以涂布于支持板上的支持物作为固定相，以合适的溶剂为流动相，对混合样品进行分离、鉴定和定量的一种层析分离技术。这是一种快速分离脂肪酸、类固醇、氨基酸、

核苷酸、生物碱及其他多种物质的特别有效的层析方法，自 20 世纪 50 年代起至今，一直被广泛采用。

吸附是表面的一个重要性质。任何两个相都可以形成表面，吸附就是其中一个相的物质或溶解于其中的溶质在此表面上的密集现象。在固体与气体之间、固体与液体之间、吸附液体与气体之间的表面上，都可能发生吸附现象。

物质分子之所以能在固体表面停留，是因为固体表面的分子（离子或原子）和固体内部分子所受的吸引力不相等。在固体内部，分子间相互作用力是对称的，其力场互相抵消。而处于固体表面的分子所受的力是不对称的，向内的一面受到固体内部分子的作用力大，而表面层所受的作用力小，因而气体或溶质分子在运动中遇到固体表面时受到这种剩余力的影响，就会被吸引而停留下来。

吸附过程是可逆的，被吸附物在一定条件下可以解吸出来。在单位时间内被吸附于吸附剂的某一表面上的分子和同一单位时间内离开此表面的分子之间可以建立动态平衡，称为吸附平衡。吸附层析过程就是不断地产生平衡与不平衡、吸附与解吸的动态平衡过程。

例如，用硅胶和氧化铝作支持剂，其主要原理是利用吸附力与分配系数的不同使混合物得以分离。当溶剂沿着吸附剂移动时，带着样品中的各组分一起移动，同时发生连续吸附与解吸作用及反复分配作用。由于各组分在溶剂中的溶解度不同，而且吸附剂对它们的吸附能力有差异，最终将混合物分离成一系列斑点。如作为标准的化合物在层析薄板上一起展开，则可以根据这些已知化合物的 R_f 值对各斑点的组分进行鉴定，同时也可以进一步采用某些方法加以定量。

本实验固定相为玻璃薄板上均匀涂抹的吸附剂薄层，通常使用硅胶 G。流动相（或称展层剂）通常为各种有机溶剂。

生物组织中含有多种脂质成分，包括脂肪、胆固醇、磷脂等，多与蛋白质结合形成疏松的复合物，要将这类脂质从复合物中分离并提取出来，所用抽提液必须包含亲水性成分，且需要具有形成氢键的能力。本实验中，我们设计使用氯仿-甲醇混合液。

生物组织脂质提取液经过多次水洗后，弃去溶解了蛋白质的水层，留下溶解了脂质的氯仿层，然后所提取的脂类即可以在铺有硅胶 G 的玻璃板上进行薄层层析。

本实验采用煮熟的蛋黄作为实验对象，根据实验结果计算出各种组分的 R_f 值，参照表 2-38，据此可判断层析图谱中各斑点分别应为何种脂质。

表 2-38　蛋黄中各种脂质的 R_f 值

脂质分类	R_f 值
脂肪	0.932
胆固醇	0.76
脑磷脂	0.65
卵磷脂	0.35

【实验对象】

煮熟的蛋黄。

【实验试剂】

（1）固定相：硅胶 G（200 目）。

（2）氯仿。

（3）甲醇。

（4）0.02 mol/L 乙酸钠溶液。

（5）无水硫酸钠。

（6）展层剂：氯仿∶甲醇∶乙酸∶水为 170∶30∶20∶7（体积比）的混合液。

（7）碘粒。

【实验器材】

研钵、研磨棒、15 mL 刻度试管（或同规格有刻度的离心管）、圆形滤纸、漏斗、层析薄板、展层缸、鼓风干燥箱、毛细管若干、直尺、吹风机、干燥器。

【实验操作和方法】

1. 蛋黄中脂质的提取 称取煮熟蛋黄 2 g，在研钵中磨细，另取 5 倍量的氯仿-甲醇（体积比为 2∶1）混合溶剂，边研磨边缓慢加入混合溶剂，提取 10 min。然后经滤纸过滤到刻度试管中，在滤液中加入 1/2 滤液体积的水，振摇后静置，溶剂逐渐分为两层，上层为水层，下层为氯仿层，弃去水层，留下氯仿层，继续水洗 3～4 次，同样弃去水层，再加少量的无水硫酸钠，吸取残留水分，直至溶液透明澄清，此澄清液即可供脂质薄层层析点样用。

2. 铺板（层析薄板的制备） 称取 3～4 g 的硅胶 G（200 目），加 0.02 mol/L 乙酸钠溶液 10～12 mL，磨匀，铺板，然后令其自然干燥，再放入鼓风干燥箱中，在 110 ℃活化 30 min，保存于干燥器中备用。

3. 点样 在烘干活化的硅胶 G 板上，于距底部 2 cm 处用毛细管点蛋黄提取液，点样直径不要大于 3 cm，然后用冷风吹干。

4. 展层 展层缸中装入展层剂（约 1 cm 深），将已点样的硅胶板放入展层缸中展层，至展层液前沿到达薄层顶端约 2 cm 处时即可取出硅胶板，记下展层剂前沿线，用热风吹干。

5. 显色 把硅胶板立即放入预先装置有数粒碘的干净层析缸中，密闭几分钟，已经展层分开的脂质成分将分别吸附碘蒸气而显黄色斑点。

【实验结果及分析】

（1）分别测量、计算各斑点 R_f 值。

（2）指出各斑点分别为哪种脂质成分。

注：蛋黄中有关脂质的 R_f 分别为三酰甘油 0.932、胆固醇 0.76、脑磷脂 0.65、卵磷脂 0.35，据此可判断层析图谱中各斑点分别应为何种脂质。R_f 值大小受多种因素的影响。

【注意事项】

（1）为了提高密封性，展层缸的盖子可涂凡士林，打开时是推开，不是掀开。

（2）硅胶板应轻轻放入，不要摇摆，不要移动。

【思考题】

通过本次实验，你认为影响脂质在硅胶薄层上的 R_f 值的主要因素是什么？

（徐伯赢）

实验 29 亲和层析法纯化蛋白质

【实验目的】

（1）学习亲和层析法纯化蛋白质的基本原理。

（2）学习和掌握亲和层析法纯化载脂蛋白 E 的基本原理及操作技术。

【实验原理】

亲和层析是利用生物分子间所具有的专一性亲和力而设计的层析技术，又称为生物专一吸附技术或功能层析技术。具有专一性亲和力的生物分子对主要有酶和底物（包括酶的竞争性抑制剂和辅酶）、特异性抗原和抗体、RNA 与其互补的 DNA、激素与其受体等。

当把可亲和的一对分子的一方固相化（即结合于不溶性载体上）作为固定相时，另一方若随流动相流经固定相，双方即亲和为一个整体，而样品中的杂质则因无此亲和力而先被洗脱下来，然后利用亲和吸附剂的可逆性质设法将亲和分子对解离，从而得到与固定相有特异亲和能力的某一特定物质。亲和层析过程如图 2-10 所示。

由于亲和层析中结合的双方是互配的，任何一方均可被固相化，因此通常把亲和层析中作为固定相的一方称为配基（或亲和吸附剂）。

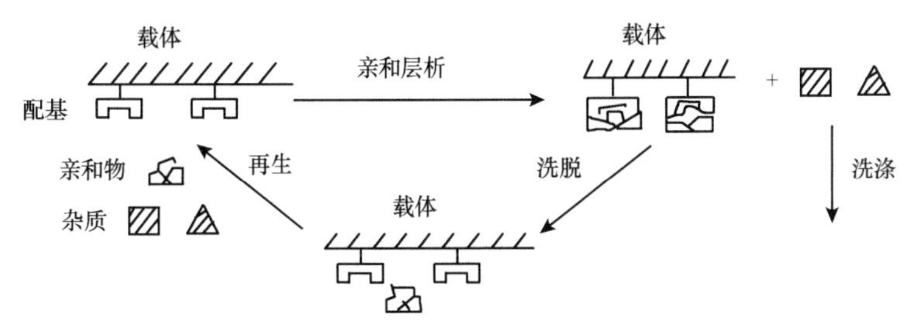

图 2-10　亲和层析过程示意图

亲和层析中最常用的载体为琼脂糖凝胶，如 Sepharose 2B、Sepharose 4B 和 Sepharose 6B 等，在结合配基前须先经溴化氰（BrCN）活化，然后才能和配基的游离氨基（脂肪族或芳香族氨基）偶联。

亲和层析能在温和条件下操作，纯化过程简单、迅速、效率高，对分离含量极少又不稳定的活性物质极为有效，可防止生物分子变性失活，因此目前亲和层析技术已成为生物化学中分离纯化生物活性物质的重要方法。

载脂蛋白 E（ApoE）是一种富含精氨酸的蛋白质，主要存在于乳糜颗粒（chylomicron，CM）、极低密度脂蛋白（very low density lipoprotein，VLDL）和高密度脂蛋白（high density lipoprotein，HDL）。ApoE 上有多个肝素结合位点，其中之一位于第 142～147 位氨基酸残基，该区域的一级结构为 Arg-Lys-Leu-Arg-Lys-Arg，富含碱性氨基酸。利用 ApoE 富含碱性氨基酸，可与带负电荷的肝素相互作用的特点，本实验采用肝素-Sepharose 亲和层析法从 VLDL 中分离提纯 ApoE。本实验利用超速离心分离血浆 VLDL，VLDL 中除含有 ApoE 外，还含有 ApoB、ApoA-Ⅰ等载脂蛋白，其中 ApoB 也能与肝素结合，利用 VLDL 脱脂后所含的 ApoB 在高浓度尿素溶液中难以溶解的特性，可在亲和层析前通过离心除去 ApoB，然后再进一步利用肝素-Sepharose 亲和层析法分离提纯 ApoE。

【实验对象】

新鲜血浆（取空腹新鲜全血，用 EDTA-Na_2 抗凝，2000 r/min，离心 15 min，分离血浆。根据血浆体积，加入 0.015%的苯甲基磺酰氟（m/V），以防止脂蛋白变性。）

【实验试剂】

（1）NaBr 粉末（A.R.）。

（2）1.019 g/mL 密度液：以 NaBr 与双蒸水配制，以比重计测定密度。

（3）苯甲基磺酰氟（phenylmethylsulfonyl fluoride，PMSF）。

（4）0.01 mol/L PBS 溶液（pH 7.4）。

（5）40% PEG20000 溶液。

（6）脱脂液：无水乙醇：无水乙醚（1∶1），–20 ℃预冷。

（7）洗脱液 A 液：1.22 g Tris、1.46 g NaCl、180 g 尿素溶于双蒸水，用 1 mol/L 盐酸调节 pH 至 7.4，加双蒸水至 500 mL。

（8）洗脱液 B 液：1.22 g Tris、14.63 g NaCl、180 g 尿素溶于双蒸水，用 1 mol/L 盐酸调节 pH 至 7.4，加双蒸水至 500 mL。

（9）抗血清：ApoE、ApoB-100、ApoA-I 抗血清。

（10）肝素-Sepharose CL-6B 干粉：购自美国 Pharmacia 公司，或选择其他类似产品。

（11）肝素-Sepharose CL-6B 干粉：购自 Pharmacia 公司，或选择其他类似产品。

【实验器材】

比重计（1.000～1.010 g/mL）、50 ml 离心管（聚碳酸酯厚壁离心管）、角度转头（RP50T）、超速离心机、天平、吸管、透析袋、层析柱（1.6 cm×15 cm）、真空干燥器、注射器、玻璃棒、紫外检测器、试管（1.5 cm×15 cm）及试管架、便携式小氮气瓶（2L）。

【实验方法与步骤】

1. **VLDL 的分离**　血浆中加入适量的 NaBr，调节密度至 1.019 g/mL。置于离心管（38.5 mL/管）中，加盖，用 1.019 g/mL 密度液平衡，放入 RP50T 转头，在 10 ℃下以 40 000 r/min（145 000×*g*）离心 20 h。VLDL 浮于离心管上层，用吸管小心吸取。

2. **透析**　已分离得的 VLDL 含有大量 NaBr，需要透析脱盐。将 VLDL 装入透析袋中，以 0.01 mol/L PBS（pH=7.4）溶液透析，每 6 h 更换一次透析液，共更换 3 次，最后一次可透析过夜。

3. **浓缩**　将透析过夜的 VLDL 溶液连同透析袋一起放入盛有 40% PEG20000 溶液的烧杯中，浓缩至适当体积。

4. **脱脂**　将 VLDL 用注射器加入 50 倍体积、–20 ℃的脱脂液中，脱脂过夜，共处理 3 次。在搅拌下用氮气轻轻吹干。

5. **亲和层析**

（1）取 4 g 肝素-Sepharose CL-6B 干粉于 100 mL 双蒸水中，待其溶胀后撇弃漂浮的细颗粒。置于真空干燥器中（200 mmHg）减压 30 min，以除去凝胶中的空气。装入层析柱中，用洗脱液 A 液平衡 3～5 个柱体积（60～100 mL）。

（2）将脱脂样品溶于 37 ℃洗脱液 A 液中，轻轻搅拌 30 min，于室温以 827.6 r/min（3000×*g*）离心 15 min，取上清液，上 A 液预平衡的肝素-Sepharose CL-6B 柱。

（3）以洗脱液 A 液洗脱，流速 0.5 mL/min。用紫外检测器于 280 nm 处检测，可见一洗脱峰，继续洗脱至基线。

（4）以洗脱液 B 液进行洗脱，流速 0.5 mL/min。收集流出液，每管 2 mL。用紫外检测器于 280 nm 处检测，可见一尖锐的洗脱峰，即为纯化的 ApoE。

6. **鉴定**　合并各管尖锐峰，与 ApoE、ApoB-100、ApoA-Ⅰ抗血清做免疫双扩散鉴定，若只与 ApoE 抗血清有清晰沉淀线，与其他抗血清无免疫沉淀反应，即为纯化的 ApoE。或以 5%～20% SDS-PAGE 鉴定，考马斯亮蓝 R250 染色，仅在对应于 LMW 34 000 处有一蛋白质条带，即为纯化的 ApoE。

7. **浓缩**　将纯化的 ApoE 装入透析袋中，于 4℃以 0.01 mol/L PBS（pH7.4）溶液透析过夜后，置于 4 ℃，用 40% PEG20000 溶液浓缩至适当体积。用 Folin-Lowry 法测定蛋白质含量，分装，–20℃保存。

【注意事项】

（1）生物大分子与配基之间达到平衡的速度较慢，因此样品液的浓度不宜过高，上样时要控制在较慢的流速，以保证样品与配基有充分的接触时间进行吸附。

（2）当配基与待分离的生物大分子的亲和力较小或样品浓度较高、杂质较多时，可以在上样后停止流动，让样品在层析柱中反应一定时间，以增加吸附量。

（3）生物分子间的亲和力受温度的影响，通常亲和力随温度的升高而下降。因此上样时可选择适当的较低的温度，使待分离物质与配基有较大的亲和力，能够充分地结合；洗脱时可选择适当的较高的温度，使待分离的物质与配基的亲和力下降，以便于将待分离的物质从配基上洗脱下来。

【临床意义】

（1）血浆脂蛋白中的蛋白质部分称为载脂蛋白。载脂蛋白是构成血浆脂蛋白的蛋白质组分，主要在肝（部分在小肠）合成，按 ABC 系统命名分为 A、B、C、D、E 五类，各类又可细分几个亚类，以罗马数字表示。载脂蛋白的基本功能是运载脂类物质、稳定脂蛋白的结构，某些载脂蛋白还有激活脂蛋白代谢酶、识别受体等功能。

（2）VLDL 的主要功能是运输肝脏中合成的内源性三酰甘油。血液运输到肝细胞的脂肪酸及糖代谢转变形成的脂肪酸在肝细胞中均可合成三酰甘油。在肝细胞内，三酰甘油与 $ApoB_{100}$、胆固醇等结合，形成 VLDL 并释放入血。在低脂饮食时，肠黏膜也可分泌一些 VLDL 入血。VLDL 入血后大部分代谢为低密度脂蛋白（LDL）。

（3）Apo E 主要存在于 CM、VLDL 和 HDL 中，正常人血浆 ApoE 浓度为 0.03～0.05 g/L。Apo E 的浓度与血浆三酰甘油含量呈正相关。ApoE 的生理功能：①是 LDL 受体的配体，也是肝细胞 CM 残粒受体的配体，与脂蛋白代谢密切相关；②ApoE 具有多态性，多态性决定个体血脂水平，与动脉粥样硬化的发生发展密切相关；③参与激活水解脂肪的酶类、参与免疫调节及神经组织的再生。

【思考题】

（1）试述亲和层析的基本原理。

（2）试述亲和层析实验过程中的主要注意事项。

（罗　艳）

实验 30　酶的凝胶过滤层析方法

【实验目的】

（1）掌握凝胶过滤层析法分离纯化生物大分子的基本原理。

（2）了解凝胶过滤层析的实验方法。

【实验原理】

凝胶过滤层析（又称分子排阻层析）是指样品混合物随流动相流经固定相的凝胶层析柱时，混合物中各物质因分子大小不同而被分离的层析技术。本实验使用 Sephadex G-50 层析柱分离血红蛋白（分子量 64 500）与胰蛋白酶（分子量 23 300）的混合物。血红蛋白显红色，因分子大，随流动相洗脱快，先被洗脱出柱外；胰蛋白酶分子小，洗脱慢，后被洗脱出柱外，用双缩脲试剂检测后洗脱出柱外的洗脱液，观察洗脱情况。

【实验对象】

草酸钾抗凝全血、胰蛋白酶。

【实验试剂】

（1）交联葡聚糖凝胶 G-50（Sephadex G-50）。

（2）草酸钾抗凝全血。

（3）生理盐水。

（4）胰蛋白酶溶液（0.15 g/L）。

（5）双缩脲试剂：称取 1.5 g 硫酸铜（$CuSO_4 \cdot 5H_2O$）、6 g 酒石酸钾钠（$NaKC_4H_4O_6 \cdot 4H_2O$）和 1 g 碘化钾，溶于 500 mL 双蒸水，搅拌下加入 300 mL 10%的 NaOH 溶液，最后用双蒸水定容至 1000 mL，置于棕色塑料瓶中避光保存。如出现红色沉淀，需重新配制。

【实验器材】

滴管、层析柱（1.0 cm×20 cm）、烧杯、试管（1.5 cm×15 cm）及试管架、低速离心机（含 5 mL 离心管适配转子）、电子天平、电磁炉、洗耳球。

【实验方法与步骤】

1. 凝胶制备　称取 3 g Sephadex G-50，放入 100 mL 烧杯中，加入双蒸水约 30 mL，用小火煮沸 1 h 使充分溶胀，静置冷却至室温。

2. 装柱　取层析柱（1.0 cm×20 cm）一支，垂直装好，自顶部缓缓加入 Sephadex G-50 悬液，开始下沉时关闭出口，待底部凝胶沉积 1～2 cm 时再打开出口，凝胶高度逐渐上升，待胶面达距柱口 2～3 cm 时，关闭出口。

3. 样品制备

（1）取草酸钾抗凝全血 3 mL 于离心管中，1500 r/min 离心 5 min，弃去上层血浆，加入 5 倍体积的冷生理盐水，混匀，3000 r/min 离心 5 min，弃上清液，如此重复洗 3 次，直至上清液没有黄色。最后一次弃去上清液后，在红细胞层上面加 5 mL 双蒸水，充分搅拌使红细胞吸水胀裂，3000 r/min 离心 5 min，吸取上层澄清的血红蛋白液备用。

（2）取上述血红蛋白备用液 0.3 mL，加 0.15g/L 胰蛋白酶溶液 0.3 mL，此混合物即为样品溶液。

4. 上样与洗脱　加样时先将出口打开，使层析床面的双蒸水流出，待液面几乎平齐凝胶表层时，关闭出口（不可使凝胶表层干掉）。用滴管将样品缓缓沿层析柱内壁小心加入凝胶表面，注意尽量不扰动床面，打开出口，使样品进入床内，直到床面重新露出。同上加入 1～2 倍样品量体积的双蒸水（这样可以使样品定容至最小，而样品又完全进入床内），当少量双蒸水接近流干时，反复加入多量双蒸水进行洗脱。

5. 检测 观察血红蛋白在层析床中的色带位置，不断加双蒸水洗脱，待血红蛋白洗脱完，用试管分部收集洗脱液，每管 10 滴，加双缩脲试剂 10 滴，检查胰蛋白酶洗脱情况，若为紫色，则为阳性。一般开始 1～3 管为阴性，随之为阳性，接着颜色逐渐加深，出现一个顶峰，然后逐渐减弱变为阴性，表示胰蛋白酶已洗脱完毕。

6. 凝胶回收 回收凝胶时，将层析柱倒置，用洗耳球对准管口将凝胶吹出至原烧杯中，再用少量的双蒸水润洗管内残留的凝胶颗粒，回收至原烧杯内，加双蒸水浸泡，防止干燥。

【注意事项】

（1）凝胶处理期间，必须小心用倾泻法除去细小颗粒，这样可使凝胶颗粒大小均匀，流速稳定，分离效果好。

（2）装柱是层析操作中最重要的一步。为使层析柱装得均匀，务必做到凝胶悬液不稀不厚，一般浓度为 1∶1，进样及洗脱时切勿将床面暴露在空气中，不然层析柱床会出现气泡或分层现象；加样时必须均匀，切勿搅动床面，否则均会影响分离效果。

（3）洗脱流速不可太快，否则分子小的物质来不及扩散而随分子大的物质一起被洗脱下来，达不到分离的目的。

【思考题】

（1）简述凝胶过滤层析的原理及应用。

（2）在向凝胶柱中加入样品时，为什么必须保持胶面平整，上样体积为什么不能太大？

（3）制备血红蛋白样品时，加双蒸水并充分搅拌的目的是什么？

（陈秀芳）

实验 31　高效液相色谱法测定阿司匹林含量

【实验目的】

（1）熟悉高效液相色谱仪的基本构造、工作原理及其基本操作。

（2）学习使用高效液相色谱法建立测定含量的标准曲线。

（3）学习测定未知样品中阿司匹林含量的分析方法。

【实验原理】

高效液相色谱法（high performance liquid chromatography，HPLC）已经广泛应用于医学、化学、工业等领域的分离分析，是色谱法十分重要的一个分支。该技术以液体为流动相，采用高压输液系统，将具有不同极性的单一溶剂或不同比例的混合溶剂、缓冲液等流动相泵入装有固定相的色谱柱，各成分在柱内被分离后，进入检测器进行检测，从而实现对试样的分析。

高效液相色谱由输液泵、进样器、色谱柱、检测器、记录仪等几部分组成。输液泵将流动相以稳定的流速输送至分析体系，在进入色谱柱之前通过自动进样器将样品导入，流动相将样品带入色谱柱，在色谱柱中各组分因在固定相中的分配系数不同而被分离，并依次随流动相流至检测器，检测到的信号被送至数据系统记录、处理或保存。

高效液相色谱技术在制药行业有特别突出的地位。药品的纯度对于药效的发挥有巨大的影响，所以药物产品对分离与纯化技术提出了更高的要求。色谱是目前分离与纯化领域中处理多组分复杂体系最有效的方法，在各种色谱技术中，高效液相色谱法又是分离与纯化药物的最佳选择。高效液相色谱在制药领域的广泛应用解决了不少传统分析分离技术的难点，对行业的发展具有十分重要的意义。随着医药行业的不断发展和对药品需求的不断增加，人们对药品的质量和疗效也提出了更多的要求，作为目前医药领域最有效的分离分析技术，相信高效液相色谱将得到更广泛的应用。

阿司匹林被广泛用于解热镇痛、预防血栓等，而随着阿司匹林的广泛应用，其引起的不良药物反应也逐渐增多，要严格控制其使用的剂量并监测不良反应。阿司匹林标准品为白色结晶性粉末，微溶于水，溶于乙醇、乙醚和氯仿等。

本实验以阿司匹林肠溶片为研究样本，介绍如何使用高效液相色谱法建立标准曲线，测定从肠溶片里面释出的阿司匹林含量。

【实验对象】

阿司匹林标准品（CAS 号：50-78-2）、阿司匹林肠溶片（规格：100 mg）。

【实验试剂】

甲醇（A.R.）、乙酸（A.R.）、甲醇（色谱纯）、乙酸（色谱纯）、超纯水。

【实验器材】

Agilent 1200 HPLC[泵、自动进样器、柱温箱、UV-VIS 检测器、C_{18}色谱柱（4.6 mm×250 mm，5 μm）]、稳压电源、纯水机、电子分析天平、烧杯、超声振荡仪、100 mL 容量瓶、50 mL 容量瓶、10 mL 容量瓶和移液管、研体和研磨棒、0.45 μm 微孔滤膜。

【实验方法与步骤】

1. 标准品溶液的制备 准确称取阿司匹林标准品 50 mg 置于 100 mL 烧杯中，加入 30 mL 含 1% 乙酸的甲醇溶液，搅拌溶解，取 50 mL 容量瓶定容制成 1000 μg/mL 的对照品溶液。取 1000 μg/mL 阿司匹林溶液 0.2 mL、0.4 mL、0.6 mL、0.8 mL、1.0 mL、1.2 mL 和 1.5 mL，分别置于 10 mL 容量瓶中，加入含 1% 乙酸的甲醇溶液至刻度，摇匀，得浓度分别为 20 μg/mL、40 μg/mL、60 μg/mL、80 μg/mL、100 μg/mL、120 μg/mL、150 μg/mL 的阿司匹林标准溶液。

2. 样品溶液的制备 取阿司匹林肠溶片 20 片（规格：100 mg/片），研磨成粉末，用分析天平称量约等同于 5 mg 阿司匹林含量的粉末，置于 100 mL 烧杯中，加入适量含 1% 乙酸的甲醇溶液，超声处理 20 min，搅拌溶解，全部转入 100 mL 容量瓶，用含 1% 乙酸的甲醇溶液定容，经 0.45 μm 微孔滤膜过滤，取滤液作为阿司匹林样品溶液。

3. 器材准备 将过滤后的流动相倒入溶剂瓶，清空废液瓶，并检查仪器各部件的电源线、数据线和输液管道是否连接正常。开机，接通电源，依次开启不间断电源、泵、检测器，待检测器自检后，打开主机，最后打开色谱工作站。

4. 色谱条件 液相色谱分离条件：C_{18}色谱柱；流动相，甲醇–0.5%冰醋酸溶液（体积比为 37∶63）；流速，1.0 mL/min；检测波长，276 nm；柱温，30 ℃。

5. 标准曲线制作 将浓度分别为 20 μg/mL、40 μg/mL、60 μg/mL、80 μg/mL、100 μg/mL、120 μg/mL、150 μg/mL 的阿司匹林标准溶液进样 20 μL，分别进样两次，以浓度 c（μg/mL）为横坐标，对应两次测定峰面积平均值 A 为纵坐标，制作标准曲线，并进行回归分析，得回归方程。

6. 样品测定 进样 20 μL，分别进样两次，使用回归方程计算阿司匹林肠溶片中阿司匹林含量。

7. 计算阿司匹林的含量 测定含量=（使用回归曲线计算出的阿司匹林测定值/50）×100%，根据《中华人民共和国药典》（2015 版），阿司匹林肠溶片的含量应该为标示量的 93.0%～107.0%。

【注意事项】

（1）流动相必须用高效液相谱级的试剂，使用前过滤除去其中的颗粒性杂质和其他物质（使用 0.45 μm 或孔径更小的膜过滤）。

（2）每次做完样品后应该用溶解样品的溶剂清洗进样器。

【思考题】

（1）使用标准曲线法进行定量的优缺点是什么?

（2）选择流动相时应注意哪些问题?

（3）高效液相色谱定性、定量的依据是什么?

（周 捷）

第三章

综合性实验

实验32　食物中维生素C的提取和含量测定（2,4-二硝基苯肼比色法）

【实验目的】

（1）学习并掌握定量测定总维生素C的原理和方法。

（2）了解蔬菜、水果中维生素C的含量情况。

【实验原理】

维生素C在体内很不稳定，易被氧化成脱氢维生素C。脱氢维生素C仍保留维生素C的生物活性，在动物组织内被谷胱甘肽等还原物质还原成维生素C。当pH在5.0以上时，脱氢维生素C易发生分子构造重新排列使其内酯环裂开，生成没有活性的二酮古洛糖酸。维生素C、脱氢维生素C和二酮古洛糖酸合称为总维生素C。测定时，先将样品中还原型的维生素C氧化成脱氢维生素C。脱氢维生素C和二酮古洛糖酸都能与2,4-二硝基苯肼作用生成红色的脎，脎的生成量与总维生素C含量成正比，将脎溶于硫酸，再与同样处理的维生素C标准液比色，可求出样品总维生素C的含量。

【实验对象】

新鲜蔬菜、水果（每种蔬果准备约100 g）。

【实验试剂】

（1）1%草酸溶液。

（2）活性炭：100 g活性炭加1 mol/L HCl溶液750 mL回流加热1 h，过滤，用双蒸水洗涤数次，至滤液中无Fe^{3+}为止，然后置于110 ℃鼓风干燥箱中烘干。

（3）维生素C标准贮存液：溶解100 mg纯维生素C于100 mL 1%草酸溶液中。

（4）维生素C标准应用液（0.01 g/L）：取贮存液1.0 mL，用1%草酸溶液稀释至100 mL。

（5）9 mol/L H_2SO_4溶液：谨慎地加250 mL浓硫酸（比重1.84）于70 mL双蒸水中，冷却后稀释至1000 mL。

（6）2% 2,4-二硝基苯肼溶液：溶解2,4-二硝基苯肼于100 mL 9 mol/L硫酸溶液内，过滤，不用时放入冰箱中，每次用时必须过滤。

（7）85% H_2SO_4溶液：谨慎地将90 mL浓硫酸（比重1.84）加于15 mL双蒸水中。

（8）10%硫脲溶液：溶解50 g硫脲于1% 500 mL草酸中。

【实验器材】

研钵及研磨棒、天平（0.01g精度）、剪刀、容量瓶（50 mL）、锥形瓶、药匙、试管（1.5 cm×15 cm）及试管架、恒温水浴锅、可见分光光度计、鼓风干燥箱。

【实验方法与步骤】

1. 提取　用天平称取去皮橘子（或其他蔬菜水果）5 g置研钵中，加1%草酸溶液10～15 mL，研磨 5～10 min，将提取液收集至 50 mL 容量瓶中，如此重复提取 2～3 次，最后加 1%草酸溶液至 50 mL。

2. 氧化、脱色 将提取液约 10 mL 倒入干燥锥形瓶中，加入半匙活性炭，充分振摇 1 min 后过滤。取约 10 mL 标准液于另一干燥锥形瓶中，加入半匙活性炭，同时振摇、过滤。

3. 显色 取 3 支中试管，编号，按表 3-1 操作。

表 3-1　样品显色配制方法　（单位：mL）

试剂	空白	标准	测定
样品滤液	2.5	—	2.5
0.01 g/L 标准滤液	—	2.5	—
10%硫脲溶液	1.0	1.0	1.0
2% 2,4-二硝基苯肼	—	1.0	1.0
混匀，置沸水浴箱中 10 min，流水冷却			
2% 2,4-二硝基苯肼	1.0	—	—
85% H_2SO_4 溶液	3.0	3.0	3.0

注意：加 85%硫酸时，要逐滴慢加，并将试管置于冷水中，边加边摇边冷却。加完后混匀，静置 10 min。以空白管调零，于 500 nm 波长处比色。

【注意事项】

（1）加硫酸时要逐滴慢加。

（2）加硫酸显色时，随着时间的延长颜色可加深。所以各管的显色总时间（包括比色测定的时间）应相同（一般 30 min 最好）。

（钱　晶）

实验 33　食物中维生素 C 的提取和含量测定（2,6-二氯酚靛酚法）

【实验目的】

（1）学习并掌握定量测定还原性维生素 C 的原理和方法。

（2）了解蔬菜、水果中还原性维生素 C 的含量情况。

【实验原理】

维生素 C 是具有 L-糖构型的不饱和多羟基化合物，广泛存在于植物绿色部分及许多水果中。其分子中含有烯醇式羟基，易解离出质子而显酸性。维生素 C 极易被氧化，在碱性溶液中也易被破坏。缺乏维生素 C 将导致坏血病（维生素 C 缺乏症），故维生素 C 又名抗坏血酸。

染料 2,6-二氯酚靛酚钠（2,6-dichlorophenolindophenol sodium，DPI，2,6-D）分子中的酮基可以接受氢，接受的氢在一定条件下也可以脱去，故人们把它用作一种氧化还原指示剂。维生素 C 能还原 2,6-D，2,6-D 在碱性条件下为蓝色，在酸性条件下为红色；维生素 C 易被 2,6-D 氧化为脱氢维生素 C，而 2,6-D 本身被还原为无色；当维生素 C 全部被脱氢氧化后，滴入的 2,6-D 不能被还原，在酸性条件下呈现红色，即表示溶液中的维生素 C 恰好全部被氧化，从 2,6-D 消耗量可计算出被检样品中维生素 C 的量，显色原理如图 3-1 所示。利用维生素 C 的这一性质，可用 2,6-D 滴定法测定样品中维生素 C 的量。2,6-D 除可被维生素 C 还原外，也可被其他还原剂还原为无色，但在酸性条件下，其他还原性物质的还原作用进行得很慢，且维生素 C 在酸性条件下比较稳定，故选用稀酸作为提取溶剂。

L-型的维生素 C 脱氢后加水可形成 2,3-二酮古洛糖酸，没有生理活性，也不能再转变为有活性的形式。这种水合作用在中性和碱性溶液中可自发进行，因此维生素 C 被氧化往往意味着其生理活性的丧失。

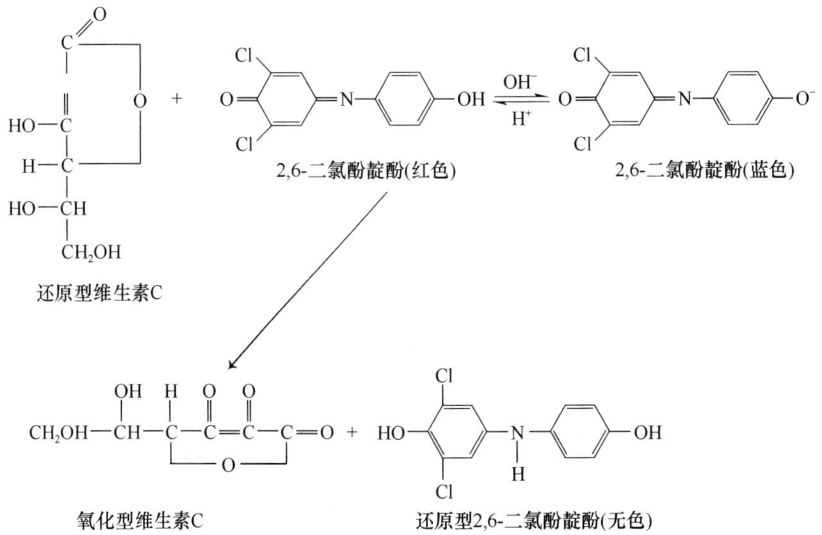

图 3-1　2,6-二氯酚靛酚钠显色原理

注意：若样品中含有色素类物质，会使提取液有色，影响滴定终点的观察，应将提取液适当脱色（加少量白陶土振荡约 5 min，过滤即可）后再进行滴定。

【实验对象】

新鲜猕猴桃。

【实验试剂】

（1）1%草酸溶液：草酸1 g溶于100 mL双蒸水中。

（2）2%草酸溶液：溶 2 g 草酸于 100 mL 双蒸水中。

（3）维生素 C 标准液（0.001 mol/L）：用 1%的草酸配制；维生素 C 应为白色结晶或粉末。

（4）2,6-D 溶液（0.001 mol/L）

1）制备：称取 50 mg 2,6-D 溶于大约 200 mL 含有 52 mg 碳酸氢钠的热水中，冷却后稀释至 250 mL，必要时用单层滤纸过滤。注意：此溶液应避光，4℃保存，可稳定一周（注：2,6-D 的分子量为 326.11，预配制 0.001 mol/L 的溶液，需 163.05 mg 的 2,6-D，因 2,6-D 是染料，含有杂质）。

2）取一个 50 mL 干净干燥的三角瓶，加入 5 mL 1%的草酸和 5 mL 0.001 mol/L 的维生素 C，混合均匀后用配制的 2,6-D 溶液滴定到浅红色，并保持在 0.5 min 内不褪色。重复 3 次，根据 2,6-D 的消耗量计算维生素 C 的真实浓度。

【实验器材】

微量滴定管（5 mL），50 mL 的三角瓶，微量移液管（5 mL、10 mL），容量瓶（50 mL），研钵及研磨棒，电子天平。

【实验方法与步骤】

（1）用天平准确称取 2 g 去皮猕猴桃（或其他蔬菜水果）放入研钵中。加入 5～10 mL 2%的草酸研磨成浆状。

（2）把浆状物转移到一个 50 mL 的容量瓶内，用 5～10 mL 2%的草酸洗研钵 3 次，洗出液也转移到容量瓶内，最后用 2%的草酸定容到刻度，混合均匀后过滤。

（3）取 5 mL 滤液放入一个 50 mL 的三角瓶内，以标定好的 2,6-D 溶液滴定到获得稳定的粉红色，记录 2,6-D 溶液消耗的量。

（4）另取 2 个 50 mL 的三角瓶，分别加入 5 mL 滤液，重复上述滴定，记录 2,6-D 溶液消耗的量，3 次滴定值应接近。

（5）取 2 个 50 mL 的三角瓶，分别加入 5 mL 1%的草酸，用 2,6-D 溶液滴定获得稳定的粉红色，记录 2,6-D 溶液消耗的量。若两次滴定值差异较大应重复滴定。

（6）计算：

$$100\ \text{g 样品中所含维生素 C 的毫克数}=\frac{B\times(A-E)\times F}{C\times D}\times 100 \tag{3.1}$$

式中，A 为滴定样品所消耗的 2,6-D 的平均体积；E 为滴定空白所消耗的 2,6-D 的平均体积；B 为样品提取液的总体积（50 mL）；C 为每次滴定所用的提取液的体积（5 mL）；D 为提取所用的样品质量（0.5 g）；F 为 1 mL 0.001 mol/L 的 2,6-D 相当于维生素 C 的质量。

【注意事项】

（1）整个滴定过程要迅速，防止还原型的维生素 C 被氧化。滴定过程一般不超过 2 min。滴定所用的染料不应少于 1 mL 或多于 4 mL，若滴定结果不在此范围，则必须增减样品量或将提取液稀释。

（2）本实验必须在酸性条件下进行，在此条件下，干扰物反应进行很慢。

（3）提取液中尚含有其他还原性的物质，均可与 2,6-D 反应，但反应速度均较维生素 C 慢，因而滴定开始时，染料要迅速加入，而后尽可能一滴一滴地加入，并要不断地摇动锥形瓶直至呈粉红色且 15 s 不褪色为终点。

（4）若提取液中色素很多时，滴定不易看出颜色变化，需脱色，可用白陶土、30% $Zn(Ac)_2$ 和 15% $K_4Fe(CN)_6$ 溶液等，本实验用白陶土脱色，若色素不多，可不脱色，直接滴定。

（5）在生物组织和组织提取液中，维生素 C 还能以脱氢维生素 C 及结合维生素 C 的形式存在，它们同样具有维生素 C 的生理作用，但不能将 2,6-二氯酚靛酚还原脱色。

（6）2%草酸有抑制抗坏血酸氧化酶的作用，而 1%的草酸无此作用。

【临床意义】

（1）维生素 C 是胶原蛋白形成所必需的物质，有助于保持细胞间质物质的完整。

（2）维生素 C 严重缺乏可引起坏血病。坏血病表现为毛细血管脆性增强易破裂、牙龈腐烂、牙齿松动、骨折及创伤不愈合等。

（3）维生素 C 缺乏直接影响胆固醇转化，引起体内胆固醇增多，是动脉硬化的危险因素之一。

（4）坏血病是一种急性或慢性疾病，特征为出血、类骨质及牙本质形成异常。儿童主要表现为骨发育障碍、肢体肿痛、假性瘫痪、皮下出血。成人表现为齿龈肿胀、出血、皮下瘀点、关节及肌肉疼痛、毛囊角化等。维生素 C 是胶原蛋白形成所必需的，它有助于保持间质物质的完整，如结缔组织、骨样组织及牙本质。严重缺乏可引起坏血病。

（5）维生素 C 是最理想、最快速的自由基清除剂。维生素 C 和维生素 E 是临床最常用的抗氧化维生素。大剂量维生素 C 和维生素 E 对动脉瘤和主动脉夹层则有修复作用，已成为常规治疗药物。

（6）阻断病毒 DNA 的复制，有类似干扰素的功效。

（7）非特异性解毒作用，大剂量维生素 C 可以用于一氧化碳中毒、毒蛇咬伤、毒蕈中毒、有机磷农药中毒、急性酒精中毒、感染性休克等，疗效甚佳。

（8）维生素 C 对心脏和血管有保护作用。

（9）用维生素 C 治疗与病毒感染有关的肿瘤，可取得较好的疗效；用其进行长时间的维持巩固治疗，尚可长时间地预防复发，延长生存期，改善生活质量。维生素 C 是抗氧化剂，临床上用来抑制病毒，可直接改善肝功能；同时起解毒作用，具有保护肝脏的作用。

【思考题】

（1）指出 3～4 种维生素 C 含量丰富的物质。

（2）为了准确测定维生素 C 的含量，实验过程中应注意哪些操作步骤？为什么？

（钱　晶）

实验 34　虾壳虾青素的提取及鉴定

【实验目的】

（1）通过从虾壳中提取虾青素，掌握虾青素的分离方法。

（2）学习制作层析板的方法，掌握薄层层析的原理和操作方法。

【实验原理】

虾青素（astaxanthin），化学名为3,3′-β, β-胡萝卜素-4,4′-二酮，是由8个异戊二烯单位构成的脂溶性红色色素，在碱性条件下易氧化转变为虾壳素（3,3′,4,4′-四酮基-β, β-胡萝卜素），在自然界中存在于虾壳、蟹壳、某些藻类和真菌中。实验室中可用索氏（Soxhlex）脂质抽提器抽提，称取一定量的试样置于滤纸袋中，将滤纸袋放在抽提器的提取管中，经乙醇或丙酮充分抽提后，虾青素连同脂质全部被溶入抽提瓶内的溶剂中，蒸馏除去溶剂后，即可进行色素成分的分析或含量的测定。

本实验用薄层层析分析虾壳提取物的色素成分。薄层层析是将固定相支持物均匀地铺在玻璃板上成为薄层，然后将要分析的样品加到薄层上，用合适的溶剂展开从而达到分离的目的。薄层层析的优点是分离迅速，样品用量小，灵敏度高，分离时几乎不受温度影响，显色时不受腐蚀性显色剂影响且可在高温下显色。薄层层析通常用硅胶 G 作支持剂，选用石油醚、四氯化碳、氯仿或混合溶剂（如本实验用乙醚和正己烷的混合液，体积比为 7∶3）作展开剂。展层后立即量出溶剂前沿和各色斑中心至原点的距离，计算比移值（R_f）。

虾壳的色素成分以虾青素及其酯为主，还含有少量β胡萝卜素及其他类胡萝卜素。提取物与标准品同时分别用 1 mol/L KOH 乙醇溶液皂化并使之氧化为虾红素，然后再与未皂化的提取物和标准品进行薄层层析，可以确定虾青素酯的存在。

本实验用索氏抽提器提取虾壳中的脂溶性色素——虾青素，用薄层层析分离并分析色素成分。对于无色的脂类样品等则尚需要适当的显色剂使之生色后方可鉴定。

【实验对象】

虾壳样本。

【实验试剂】

丙酮或无水乙醇、2 mol/L KOH 乙醇溶液、冰醋酸、硅胶 G、0.3%羧甲基纤维素钠、虾青素、β胡萝卜素、展开剂[乙醚：正己烷（V/V）=7：3]

【实验器材】

索氏抽提器、电热器、滤纸、8 cm×12 cm 玻片、研钵、鼓风干燥箱、层析用标本缸、60 ℃恒温水浴锅、试管（1.5 cm×15 cm）及试管架、毛细玻璃管、托盘天平、称量纸、药匙。

【实验方法与步骤】

1. 虾壳中虾青素的提取　将洗净、沥干的虾壳（试样）置于滤纸袋中，放入索氏抽提器的抽提管中，在抽提器的烧瓶中加乙醇（或丙酮）至半满，放入一端烧结封口的毛细玻璃管或小瓷片数粒，将各接口连接好置于水浴中，冷凝管通以冷水，然后接通电源加热回流抽取。1 h 后停止加热（此时抽提管中的溶剂应尽可能多留，以浓缩提取液），移去电热器，待烧瓶中的溶剂冷却后，小心拆下抽提管和冷凝器。转移烧瓶中的橙色溶液至有塞试管中，经减压抽干即得红色油状虾青素提取物。

2. 皂化　取两支试管，分别加提取物和虾青素标样 0.5 mL，加等量 2 mol/L KOH 乙醇溶液，置 60 ℃水浴中 1 h，使虾青素酯皂化并氧化为虾红素。用冰醋酸中和至 pH=5.0。提取物和皂化样本置冰箱保存。

3. 层析薄板的制作　称取硅胶 G 2 g 置研钵中，加 0.3%羧甲基纤维素钠 6 mL，研匀后迅速倒在 8 cm×12 cm 玻片上，水平放置，使分布均匀，待凝固后置 105 ℃鼓风干燥箱中烘干备用。

4. 层析　分别用毛细玻管吸取虾青素、胡萝卜素、提取物、虾青素皂化物、提取液皂化物，在薄板一端 1.5 cm 高度处间距 1.5 cm 点样（可多次点样，但每次点样均须待前次所点样液挥发干），待溶液蒸发后置盛有展开剂的标本缸中，将薄板点样一端起点以下浸在展开剂中。

5. 计算　约 30min 后，当展开剂上升至适当高度（接近薄板上端）。将薄板取出，比较各个色斑的位置，作图记录，计算各色斑的 R_f 值，并分析之。

$$\text{比移值}\ (R_f) = \frac{\text{色斑中心至原点中心的距离}}{\text{溶剂前沿至原点中心的距离}} \tag{3.2}$$

【注意事项】

（1）铺板用的匀浆不宜过稠或过稀，如果过稀，板容易出现拖动或停顿造成的层纹，且水蒸发后，板表面较粗糙。

（2）温度的控制：不冰冻的前提下，通常温度越低分离越好。

【临床意义】

虾青素是一种预防衰老、抵抗体内氧化自由基侵害的成分，其内含的有效抗氧化成分是维生素 E 的 900 倍，多用于高档护肤品。

【思考题】

（1）层析的基本原理是什么？

（2）本实验中采用乙醇抽提的基本原理是什么？

（徐　煌）

实验 35　凝胶过滤层析纯化血红蛋白

【实验目的】

学习和掌握凝胶过滤层析分离纯化蛋白质的原理及实验方法。

【实验原理】

凝胶层析又称凝胶过滤，是选用孔隙大小一定的凝胶，将混合液中小分子和大分子物质“筛分”开来的一种分离方法。凝胶颗粒是多孔性的网状结构，当混合液通过凝胶柱时，分子直径小于凝胶孔径的物质可以进入凝胶颗粒内部，分子直径大于凝胶孔径的物质不能进入凝胶颗粒内部而直接通过凝胶颗粒间空隙流出。小分子物质过柱时遇到的阻力大，流速慢，而大分子物质过柱时遇到的阻力小，流速快。因此可以把分子大小不同的物质分开，因凝胶具有这种性能，故又被称为“分子筛”。凝胶作为一种层析介质，它是不带电荷的物质，在层析时一般不换洗脱液，只是一种滤过作用，故凝胶层析又称为凝胶过滤，如图 3-2 所示。

本实验使用交联葡聚糖（Sephadex）G-50 将混合的鱼精蛋白（分子量约为 12 000）和血红蛋白（分子量约为 67 000）分开。为了便于观察，将鱼精蛋白用二硝基氟苯（fluorodinitrobenzene，FDNB）标记产生黄色的 DNP-鱼精蛋白（图 3-3），血红蛋白本身呈红色，可直接观察。

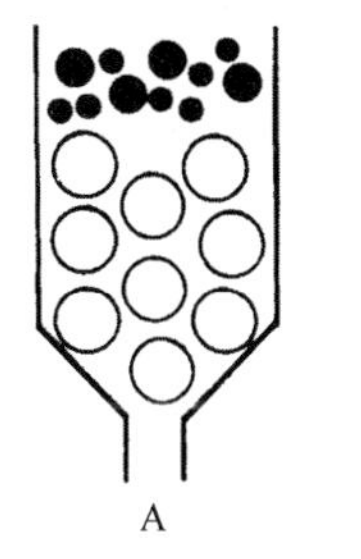

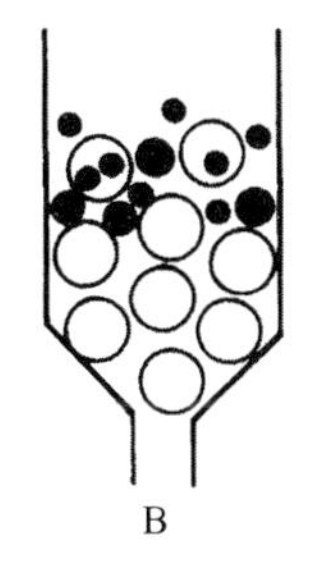

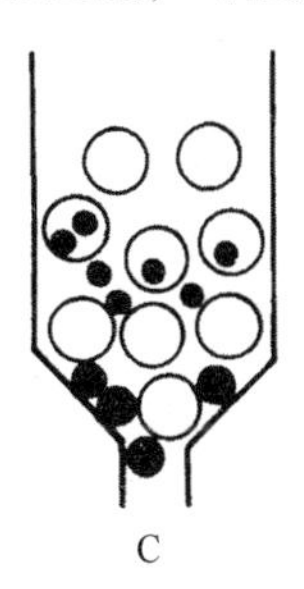

图 3-2　凝胶层析分离不同分子量的物质

A. 样品中含有大分子和小分子；B. 大分子不能进入凝胶颗粒中，所以在凝胶柱中移动速度快；C. 大分子的洗脱

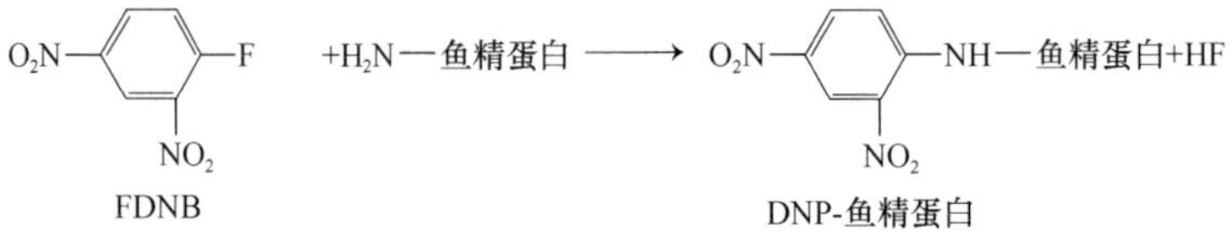

$O_2N-C_6H_3(NO_2)-F$（FDNB）$+H_2N$—鱼精蛋白 ⟶ $O_2N-C_6H_3(NO_2)-NH$—鱼精蛋白（DNP-鱼精蛋白）$+HF$

图 3-3　DNP-鱼精蛋白的产生过程

将葡聚糖（dextran）悬浮于有机溶剂中，加入交联剂后使其聚合成多糖链的三维网络结构聚合物——交联葡聚糖，交联葡聚糖是具有多孔网状结构的白色珠状微粒。凝胶的孔隙大小与交联剂用量有关，交联剂多则交联度大，网状结构紧密，孔径小，分离物质的分子量也小；交联剂少则交联度小，网状结构疏松，孔隙大，分离物质的分子量也大。表 3-2 中列出各类交联葡聚糖和分离规格，G 值越大，交联度越小。用于生物材料分离的凝胶主要有以下几类：交联葡聚糖、聚丙烯酰胺凝胶、琼脂糖凝胶等。

表 3-2　交联葡聚糖的种类和分离物分子量的范围

种类	分离物分子量的范围	
	糖	多肽和蛋白质
G-10	～700	～700
G-15	～1500	～1500
G-25	100～5 000	1000～5000
G-50	500～10 000	1500～30 000
G-75	1000～50 000	3000～80 000
G-100	1000～100 000	4000～150 000
G-150	1000～150 000	5000～400 000
G-200	1000～200 000	6000～800 000

【实验对象】

血红蛋白与 DNP-鱼精蛋白的混合样本、分子量标准蛋白。

【实验试剂】

（1）DNP-鱼精蛋白：鱼精蛋白 0.15 g 溶于 10% $NaHCO_3$ 1.5 mL 中（pH 8.5～9.5），另取 2,4-二硝基氟苯（1-fluoro-2,4-dinitrobenzene，FDNB）0.15 g 溶于微热的 95%乙醇 3 mL 中，充分溶解后，立即倒入上述鱼精蛋白溶液，然后置沸水浴加热 5 min，冷却后加 2 倍体积的无水乙醇，使黄色的 DNP-鱼精蛋白沉淀，离心 5 min，弃去上清液，用 95%乙醇洗涤沉淀，离心去上清液，再重复洗涤。待乙醇挥发后加 1 mL 双蒸水溶解即可。

（2）血红蛋白溶液：取抗凝血 5 mL，离心除去血浆后，用生理盐水洗涤血细胞 3 次，每次用 5 mL，然后将血细胞用 5 倍体积的双蒸水稀释，于冰箱内放置过夜使之充分溶血，再以 2000 r/min 离心 10～15 min，使血细胞膜残渣沉淀，将透明上清液放入冰箱内备用。

（3）葡聚糖凝胶 G-50。

【实验器材】

恒温水浴锅、电冰箱、离心机、离心管、锥形瓶、试管（1.5 cm×15 cm）及试管架、巴氏吸管（1 mL、5 mL）。

【实验方法与步骤】

凝胶过滤层析纯化血红蛋白步骤如一。

（1）凝胶的准备：称取 Sephadex G-50 1.0 g，置于锥形瓶中，加双蒸水 30 mL，于沸水浴中煮沸 1 h，冷却至室温再装柱。亦可提前将 Sephadex 粉末置于双蒸水中浸泡过夜，使其充分溶胀。充分溶胀后的凝胶，倒去上层多余的水及细小颗粒。如此反复洗涤 2～3 次。

（2）装柱：取直径 0.8～1.2 cm，长 25～30 cm 的层析柱一支，在底部填少许玻璃棉或海绵圆垫，自顶端缓缓加入 Sephadex G-50 悬液，开始下沉时关闭出口，待底部凝胶沉积达 1～2 cm 时，再打开下端出口，继续加凝胶悬液，至凝胶层高约 18cm 时即可。操作过程中应防止气泡与分层现象的发生。

（3）样品制备：将血红蛋白溶液 0.2 mL 与 DNP-鱼精蛋白溶液 0.4 mL 混匀作为样品。

（4）加样与洗脱：先将出口打开，使双蒸水流出（流量约 10 滴/分），待液面几乎与凝胶层表面平齐时，关闭出口（不可使液面低于凝胶层表面），用巴氏吸管将样品缓缓沿柱壁加入（约 0.4 mL），然后打开出口，使样品进入，用上法将 1～2 mL 双蒸水分数次加入柱中（每次加入的双蒸水量不宜多，避免样品稀释），当少量双蒸水进入凝胶后，反复加多量双蒸水进行洗脱，直至两条色带分开为止。收集血红蛋白。

【注意事项】

（1）血红蛋白与 DNP-鱼精蛋白溶液最好在临用前配制。

（2）装柱时，若凝胶层表面不平整，可用玻璃棒轻轻搅动，让凝胶自然沉降，使表层平整。

【临床意义】

（1）鱼精蛋白是一种碱性蛋白质，主要在鱼类（如鲑鱼、鳟鱼、鲱鱼等）成熟精子细胞核中作为和 DNA 结合的蛋白质存在。鱼精蛋白分子量小，一般由 30～50 个氨基酸组成，富含精氨酸，呈碱性，能溶于水和稀酸，不易溶于乙醇、丙酮等有机溶剂，稳定性好，加热不凝固。根据碱性氨基酸组成种类和数量的不同，可以将鱼精蛋白分为单鱼精蛋白、双鱼精蛋白和三鱼精蛋白 3 种。其中，单鱼精蛋白仅含一种组分精氨酸，如鲑精蛋白、鲱精蛋白和虹鳟精蛋白等。双鱼精蛋白含有精氨酸、组氨酸或赖氨酸，如鲤精蛋白。三鱼精蛋白含有 3 种碱性氨基酸，如鲢精蛋白、鲟精蛋白。研究结果表明，鱼精蛋白具有促进细胞繁殖发育、增强肝功能、抑制肿瘤生长繁殖、抑制细菌生长、抵消肝素的抗凝作用等功能，其在食品、医药和保健领域有着重要应用。

（2）鱼精蛋白在食品中的应用：鱼精蛋白的一个重要特点就是具有抑菌特性，所以其在食品中主要用作天然防腐剂。研究者认为鱼精蛋白具有广谱的抑菌活性，对革兰氏阳性菌、霉菌和酵母菌均有明显的抑制作用，且能抑制枯草杆菌、巨大芽孢杆菌和地衣芽孢杆菌的生长。鱼精蛋白的抑菌活性受金属离子、酸碱度、温度、有机成分等因素的影响。基于鱼精蛋白的强抑菌特性，鱼精蛋白已被广泛应用于各类食品的保鲜防腐中。

（3）鱼精蛋白在医学中的应用：目前，鱼精蛋白在临床医学上有重要的作用，且应用于制药行业已有多年。从鱼类精巢提取的鱼精蛋白硫酸盐是体外循环心脏手术中唯一对抗肝素的药物，能抵消肝素或人工合成抗凝剂的抗凝作用，故在临床上可作这些抗凝剂的解毒剂。鱼精蛋白能够与多种蛋白质相结合而形成复合物，如鱼精蛋白与胰岛素结合能够阻止或延迟胰岛素的释放，延长其降血糖作用，因此可以开发成具有降血糖功效的鱼精蛋白胰岛素锌盐激素制剂。当激素或抗菌制剂与鱼精蛋白复配时，可延长自身的药效，从而减少使用量。例如，在抗流感药物中复配 0.5%鱼精蛋白能够延长抗生素的有效期，减少药物的注射剂量和对患者的注射次数。然而少数机体使用鱼精蛋白后可能会发生低血压、过敏反应、严重的肺动脉高压或心源性肺水肿等不良反应，应该尽量避免。除此之外，鱼精蛋白还具有抗肿瘤、缓解疲劳、增强肝功能、刺激垂体释放促性腺激素等功效，对治疗男性不育症也有一定效果。鱼精蛋白还能够抑制血管肿瘤的形成，抑制血管炎症的发生，限制肿瘤细胞的增殖，并且能诱导其凋亡，具有抗肿瘤活性。

【思考题】

（1）凝胶过滤的原理是什么？

（2）试述常用蛋白质分离提纯的方法及原理。

（罗 艳）

实验 36 胰岛素及肾上腺素对血糖浓度的影响

【实验目的】

（1）掌握激素对血糖浓度影响的原理。

（2）掌握测定血糖浓度的原理及操作方法。

【实验原理】

胰岛素能降低血糖，肾上腺素则能升高血糖。本实验观察家兔在分别注射这两种激素后血糖浓度的变化。本实验用 $ZnSO_4$ 与 Ba（OH）$_2$ 反应生成 $ZnSO_4$-Ba（OH）$_2$ 胶状沉淀以除去血样中的蛋白质，制得无蛋白血滤液。此无蛋白血滤液与碱性铜盐共热，使 Cu^{2+} 被血滤液中的葡萄糖还原生成 Cu_2O，后者再与砷钼酸试剂反应生成钼蓝。由于葡萄糖在碱性溶液中与 Cu^{2+} 的反应很复杂，氧化剂并非当量地与葡萄糖作用，因此必须严格固定反应条件（温度和湿度），才能得到可重复的结果。

本法所用蛋白质沉淀剂同时也除去了血液中葡萄糖以外的其他各种还原性物质，如谷胱甘肽、葡糖醛酸、尿酸等；所用碱性铜盐试剂中加入大量 Na_2SO_4，以对溶入气体产生盐析效应，减少溶液中溶解的空气中的氧气，从而减少了 Cu_2O 的再氧化；同时用砷钼酸替代某些旧方法所用的磷钼酸，可使钼蓝的生成稳定。因此血糖值较接近实际数值（全血血糖值为 65～110 mg/dL）。

【实验对象】

家兔（体重 2 kg 左右）。

【实验试剂】

肾上腺素、胰岛素、草酸钾、氟化钠、4.5% Ba（OH）$_2$（密闭保存以免吸收 CO_2）、5% $ZnSO_4$、碱性铜盐试剂、砷钼酸试剂、葡萄糖标准液（0.05 mg/mL）。

【实验器材】

可见分光光度计、电子天平、注射器及针头、刀片、酒精（75%乙醇）棉球及干棉花、抗凝管（含草酸钾 6 mg 及氟化钠 3 mg 的干燥小瓶）、试管（1.5 cm×15 cm）及试管架、离心机、5 ml 离心管、碎滤纸、沸水浴、涡旋振荡器、秒表、通电灯泡或电炉。

【实验方法与步骤】

（1）动物准备：家兔 2 只，空腹 16 h，称体重，并记录。以酒精棉球涂擦兔耳部，用灯泡照或电炉小心烘烤使血管充血，然后用刀片沿耳缘静脉纵向切开血管约 2 mm 长，使血滴入抗凝管中，边滴边轻轻转动抗凝管，使血液与抗凝剂充分混匀。每只家兔各取血 2～3 mL，作好标记，待做血糖测定。以干棉球压迫止血。在采血过程中应使兔子保持安静。

（2）注射激素及取血：一只兔子皮下注射胰岛素（2 U/kg），记录注射时间，1 h 后再取血，可从原切口用棉球擦去血痂后按上法放血，作好标记，待测血糖。另一只家兔皮下注射肾上腺素（0.1% 肾上腺素 0.2 mL/kg），记录注射时间，0.5 h 后再取血并作好标记。

（3）用微量加样器准确吸取 0.1 mL 被检血样，放入干燥清洁的离心管底部。加入 4.5% Ba（OH）$_2$ 0.95 mL 及 5% $ZnSO_4$ 0.95 mL，混匀后离心（3000 r/min，5 min），取上清液（用微量加样器）得到无蛋白血滤液（血糖浓度被稀释了 20 倍）。

（4）取干燥清洁的试管 6 支，编号和加样步骤见表 3-3。

表 3-3 胰岛素及肾上腺素对血糖浓度的影响实验步骤表 （单位：mL）

试剂	试管号					
	肾前	胰前	肾后	胰后	标准管	空白管
无蛋白血滤液	0.25	0.25	0.25	0.25	—	—
标准葡萄糖	—	—	—	—	0.25	—
双蒸水	—	—	—	—	—	0.25
碱性铜盐	0.5	0.5	0.5	0.5	0.5	0.5

注：肾前，注射肾上腺素前；肾后，注射肾上腺素后；胰前，注射胰岛素前；胰后，注射胰岛素后

（5）将 6 支试管放入沸水浴中，准确计时 20 min。

（6）冷却后每管加砷钼酸试剂 0.5 mL，混匀。

（7）每管加双蒸水 3.75 mL，混匀。

（8）在 660 nm 处，以空白管调零，测定其他管的 *A* 值。

【计算】

$$肾前血糖浓度=(A_U/A_S)\times c_S\times 20 \quad (3.3)$$

式中，A_U为肾前管血糖吸光度；A_S为标准管血糖吸光度；c_S为标准管血糖浓度；20为标准管血糖稀释倍数。

按式（3.3），计算各样本血糖浓度（mmol/L）。

【注意事项】

（1）剃兔耳毛时，先用水润湿后再剃毛，要求耳缘静脉四周要剃干净，否则取血时易引起溶血。

（2）选用腹部皮肤作胰岛素和肾上腺素皮下注射，一手轻轻提起腹部皮肤，另一手持注射器以45°进针，针头不要刺入腹腔，更不要穿破皮肤注射到体外。

【临床意义】

临床上所称的血糖专指血液中的葡萄糖。每个个体全天血糖含量随进食、活动等情况会有所波动。一般空腹时的血糖水平恒定。临床检测时采用葡糖氧化酶的方法可以特异地测出真实的血糖浓度。血糖浓度受神经系统和激素的调节而保持相对稳定。当这些调节失去原有的相对平衡时，则出现高血糖或低血糖。

（1）生理性高血糖：见于饭后1～2 h；摄入高糖食物；也可由运动、情绪紧张等因素引起。

（2）病理性高血糖：见于糖尿病、颅内压升高，如颅内出血、颅外伤等；由于脱水引起的高血糖，如呕吐、腹泻和高热等也可使血糖升高；胰岛A细胞瘤。

（3）生理性低血糖：见于饥饿或剧烈运动。

【思考题】

（1）胰岛素降低血糖的机制。

（2）肾上腺素升高血糖的机制。

（韩　冬）

实验37　不同生理状态下血糖、血乳酸的测定

【实验目的】

（1）熟悉血糖仪的使用，掌握血糖在空腹和进食后不同生理状态下的测定方法与生理意义。

（2）熟悉血乳酸仪的使用，掌握血乳酸在静息和运动后不同生理状态下的测定方法与生理意义。

（3）掌握血糖、血乳酸测定的临床意义。

【实验原理】

本实验中使用的强生稳豪血糖仪可通过计时安培电流法的电化学技术来测定血样中的葡萄糖浓度。当血样到达试纸的顶端时，通过毛细管作用把血样吸入试纸的反应区。在反应区内，酶（葡糖氧化酶）和血液中的葡萄糖反应，从而使电子从葡萄糖流向化学中间体，施加在试纸上的电压促使电子从化学中间体流向电极。血糖仪通过电极来测量电子的流量（电流），并将其转换成一个电信号，最后将该电信号换算成相应的血糖浓度。

本实验中使用的Lactate Scout便携式乳酸分析仪采用末梢血样本电极法进行检测，可在10 s内得到血乳酸结果，配合专用数据统计、分析仪软件，使用十分灵活便捷。

【实验对象】

学生志愿者。

【实验试剂】

医用酒精。

【实验器材】

采血笔、采血针、便携式血糖仪（强生稳豪）、血糖试纸（仪器配套）、便携式乳酸分析仪（Lactate

Scout）、血乳酸试纸（仪器配套）、医用棉签、淀粉类或含糖类食物。

【实验方法与步骤】

1. 分组 课前确定血糖测定组和血乳酸测定组的班级志愿者、检测员、记录员等。其中空腹组志愿者在实验前需禁食 12 h 以上。

2. 空腹和进食后的血糖测定

（1）血糖测定组志愿者静息 5 min，其他成员准备消毒液，血糖试纸插入血糖仪中调试开机。

（2）检测员使用医用酒精为志愿者指尖进行皮肤消毒，待医用酒精完全挥发之后再用采血针进行采血，用拇指按压在手指第一关节处，确保指尖血液充盈，便于采血笔采血。

（3）血糖试纸一端插入血糖仪中，另一端接触血样，虹吸进入后等待仪器显示血糖浓度，读取并记录。

（4）志愿者马上进食淀粉类或含糖类食物，休息 20 min，然后进行第二次采血、血糖测定。

（5）志愿者休息 45 min，然后进行第三次采血、血糖测定。

（6）记录三次血糖变化情况，分析血糖在不同生理状态下的浓度差异及其原因。

3. 静息和运动后的血乳酸测定

（1）血乳酸测定组志愿者静息 5 min，其他成员准备消毒液，血乳酸试纸插入乳酸分析仪中调试开机。

（2）检测员使用医用酒精为志愿者指尖进行皮肤消毒，待医用酒精完全挥发之后再用采血针进行采血，用拇指按压在手指第一关节处，确保指尖血液充盈，便于采血笔采血。

（3）血乳酸试纸一端插入血乳酸仪中，另一端接触血样，虹吸进入后等待仪器显示血乳酸浓度，读取并记录。

（4）志愿者做剧烈运动数分钟，如俯卧撑等，马上进行第二次采血、血乳酸测定。

（5）志愿者静息 45 min，然后进行第三次采血、血乳酸测定。

（6）记录三次血乳酸变化情况，分析血乳酸在不同生理状态下的浓度差异及原因。

【注意事项】

（1）在采血前进行皮肤消毒，需要注意规范操作。同时，不建议使用碘酒、碘酊等产品消毒。

（2）试纸条采血时需要确保一次吸取足够血量，不要二次补血，否则可能导致仪器测量失败。试纸条接触血样即可，不要紧贴皮肤。避免在采血局部挤血造成组织液渗出影响测定结果。

（3）志愿者需严格按照要求实验，否则可能导致测定结果不准确。

【临床意义】

1. 正常空腹血糖浓度 3.89～6.11 mmol/L（葡糖氧化酶法）。

2. 高血糖或低血糖 血糖浓度受神经系统和激素的调节而保持相对稳定，当这些调节失去原有的相对平衡时，则出现高血糖或低血糖。

（1）临床上将空腹血糖浓度高于 7.22 mmol/L 称为高血糖（hyperglycemia），引起高血糖症的原因包括以下几种。

1）生理性高糖血：高糖饮食后 1～2 h，或运动、情绪紧张等引起交感神经兴奋及应激情况下可致血糖短期升高。

2）病理性高糖血：①各型糖尿病；②颅外伤致颅内出血、脑膜炎等引起颅内压升高刺激血糖中枢，有时血糖可达 55 mmol/L；③脱水，血浆呈高渗状态，见于高热、呕吐、腹泻等。

（2）临床上将空腹血糖浓度低于 3.89 mmol/L 称为低血糖（hypoglycemia），引起低血糖症的原因很复杂，主要有以下几种。

1）空腹低血糖：①内分泌疾病引起的胰岛素绝对或相对过剩，如胰岛 B 细胞瘤，产生类胰岛素物质的肿瘤；脑垂体、肾上腺、甲状腺或下丘脑功能低下所致的对抗胰岛素的激素缺乏。②严重肝细胞受损及先天性糖原代谢酶缺乏。③营养物质缺乏、尿毒症、严重营养不良。④自身免疫病。

2）反应性低血糖：①功能性饮食性低血糖；②胃切除术后饮食性反应性低血糖；③ 2 型糖尿

病或糖耐量受损出现晚期低血糖。

3）药物引起的低血糖：如胰岛素、格列本脲等。

3. 正常静息血乳酸浓度 0.5～1.7 mmol/L。血乳酸浓度的升高主要有如下两大类因素：一是细胞缺氧性因素；二是非缺氧性因素。在临床工作中，针对具体的患者进行具体的综合分析，乳酸可作为反映组织缺氧的一个较为灵敏、可靠的指标。对于确系细胞缺氧所致的血乳酸升高，乳酸酸中毒的程度与缺氧化的严重性相一致，因此，乳酸浓度可反映组织血液灌流衰竭的严重程度，可作为组织缺氧的定量性指标。有研究指出，机体内每增多 1 mmol/L 乳酸，等于氧债 11.2 mL。同时，乳酸浓度可用来指导及时治疗和估计患者的预后，因而乳酸监测用于危重患者具有十分重要的意义。

【思考题】

（1）血糖的调节途径有哪些？

（2）血乳酸在体内的主要产生途径是什么？静息状态下血乳酸浓度为零吗？为什么？

（陈文虎）

实验 38 大肠杆菌质粒的提取与酶切鉴定

【实验目的】

（1）掌握碱裂解法提取质粒的原理和实验方法。

（2）掌握限制性内切酶对质粒的酶切作用原理和实验方法。

（3）熟悉琼脂糖凝胶电泳技术的原理和实验方法。

【实验原理】

1. 质粒 DNA 提取原理 质粒是独立于细菌染色体之外的能够自主复制的共生型遗传单位，是双链、共价闭合的环状 DNA 分子，以超螺旋形式存在。在基因工程研究中，质粒是最常用的基因克隆载体，用于将外源 DNA 导入宿主细胞内。因此，质粒 DNA 的提取和纯化是分子生物学技术中的一项基础工作。从大肠杆菌中分离质粒 DNA 的方法众多，碱变性法抽提效果良好，经济且得率较高，是一种广泛应用的质粒 DNA 制备方法，也是当今分子生物学研究中的常规方法。制备的质粒可以用于后续酶切、连接、转化、测序、PCR 等操作。

碱变性法提取质粒是根据染色体 DNA 与质粒 DNA 变性与复性的差异而达到分离目的的。在 pH 高达 12.6 的碱性条件下，染色体 DNA 的氢键断裂，双螺旋结构解开而变性。质粒 DNA 的大部分氢键也断裂，但超螺旋共价闭合环状的两条互补链不会完全分离。当以 pH 4.8 的乙酸钾高盐缓冲液恢复 pH 至中性时，由于共价闭合环状的质粒 DNA 的两条互补链仍保持在一起，所以复性迅速而准确，可重新恢复原来的构型，而染色体 DNA 的两条互补链彼此已经完全分开，难以复性，相互缠绕形成网状结构，通过离心，染色体 DNA 与不稳定的大分子 RNA、蛋白质-SDS 复合物等一起沉淀下来而被除去。目前市售的质粒小提试剂盒用于大肠杆菌中质粒 DNA 的小量提取，它结合了优化的碱裂解法及方便快捷的硅膜离心技术，具有高效、快捷的特点，能在 30 min 内完成全部操作。

2. 限制性内切酶的酶切作用原理 限制性内切酶是一种工具酶，这类酶具有识别双链 DNA 分子上的特异核苷酸顺序的能力，并能在这个特异核苷酸序列内切断 DNA 的双链，形成一定长度和顺序的 DNA 片段。DNA 限制性内切酶主要分为Ⅰ类酶、Ⅱ类酶和Ⅲ类酶。Ⅰ类酶和Ⅲ类酶结合于特定的识别位点，但却没有特定的切割位点，很难形成稳定的、特异性的切割末端，故Ⅰ类酶和Ⅲ类酶在基因工程中基本不用。Ⅱ类 DNA 限制性内切酶识别特定的 DNA 序列，并在识别序列内的特定位点进行切割。Ⅱ类酶的识别序列大部分为反转对称结构（回文序列），一般长 4～8 bp。根据限制性内切酶在识别序列上的切割位点不同，切割双链 DNA 后可产生 2 种不同的末端：平末端、5′端突出或 3′端突出的黏性末端。两个相同的黏性末端或者平末端又可以通过 DNA 连接酶互相连接，能够将不同来源的 DNA 分子进行体外重组。另外，根据酶切后产生片段的数量和大小，能够鉴定重组质粒中序列的大小和方向是否正确。因此，Ⅱ类限制性内切酶对 DNA 的酶切反应是基因工程操作中最常用的技术。

3. 琼脂糖凝胶电泳分离 DNA 的原理 琼脂糖凝胶电泳法是用琼脂糖作支持介质的一种电泳方法。DNA 分子在琼脂糖凝胶中泳动时有电荷效应和分子筛效应，前者受分子所带电荷量的影响，后者则主要与分子大小及构象有关。对于线性 DNA 分子，其电场中的迁移率与其分子量的对数值成反比。DNA 的分子构象也可影响其迁移速率。质粒 DNA 存在 3 种构象：①共价闭环 DNA，常以超螺旋的形式存在；②开环 DNA，此种质粒 DNA 的两条链有一条发生一处或多处断裂；③线状 DNA，质粒 DNA 的两条链在同一处断裂。这 3 种形式的质粒 DNA 在琼脂糖凝胶中的泳动速率不同，共价闭环 DNA 最快，线状 DNA 次之，开环 DNA 最慢。

在凝胶中加入少量荧光染料溴乙锭（EB），其分子可插入 DNA 的碱基之间，在紫外光的照射下发出红色荧光，因此可在紫外灯下直接观察到 DNA 片段在凝胶上的位置，并可在紫外灯下或经凝胶成像系统观察或者拍照。荧光强度正比于 DNA 的含量，如将已知浓度的标准样品作电泳对照，就可估计出待测样品的浓度。但 EB 是强诱变剂，使用 EB 必须戴一次性手套，如有液体溅出，可加少量漂白粉，使 EB 分解。Goldviewna 是一种新型的核酸染料，属于阳离子基团荧光物质，能够与核酸的磷酸基团非共价结合，与 EB 的灵敏度相当，无致癌作用，可作为 EB 的替代品。

【实验对象】

携带高拷贝质粒 pUC19 的大肠杆菌（*Escherichia coli* DH-5α）。

【实验试剂】

（1）LB 液体培养基：称取蛋白胨 10 g，酵母提取物 5 g，氯化钠 10 g，加双蒸水至 990 mL，用 5 mol/L NaOH 调节 pH 至 7.0，补充双蒸水至总体积为 1000 mL，高压灭菌 15 min。

（2）氨苄西林母液：称取氨苄西林 0.5 g，加入高压灭菌双蒸水 10 mL，配制成 50 mg/mL 溶液，过滤除菌，分装后于–20 ℃保存。

（3）溶液Ⅰ：葡萄糖/Tris/EDTA（GTE）溶液。50 mmol/L 葡萄糖溶液，25 mmol/L Tris-HCl（pH 8.0），10 mmol/L EDTA（pH 8.0），高压灭菌 15 min，4 ℃保存。

（4）溶液Ⅱ：NaOH-SDS 溶液。0.2 mol/L NaOH 溶液，1% SDS 溶液，用 10 mol/L NaOH 和 10% SDS 的贮存液新鲜配制。

（5）溶液Ⅲ：5 mol/L 乙酸钾溶液。29.5 mL 冰醋酸，用 KOH 颗粒调节至 pH 4.8（数粒），加双蒸水至 100 mL，室温保存（不可高压灭菌）。

（6）TE 缓冲液：10 mmol/L Tris-HCl（pH 8.0），1 mmol/L EDTA（pH 8.0），高压灭菌。

（7）核糖核酸酶 A 溶液（RNase A）：称取 10 mg 核糖核酸酶 A，完全溶解于 1 mL 100 mmol/L（pH 5.0）乙酸钠溶液中，配成 10 mg/mL 溶液，即为 10 mg/mL RNaseA 溶液。为了破坏脱氧核糖核酸酶，将 RNaseA 溶液置于 80 ℃水浴中 15 min，然后于–20 ℃保存。

（8）酚/氯仿/异戊醇（体积比为 25 : 24 : 1）：将平衡酚[在 150 mmol/L NaCl、50 mmol/L Tris-HCl（pH7.5）和 1 mmol/L EDTA 中平衡]、氯仿及异戊醇混合。加入 8-羟基喹啉，使其终浓度为 0.1%。分装后于–20 ℃保存，超过 6 个月则废弃不用。

（9）无水乙醇和 70%乙醇溶液，用前于–20 ℃预冷。

（10）限制性内切酶 *Nde* Ⅰ、*Hin*dⅢ及相应的酶切缓冲液。

（11）5×TBE 电泳缓冲液（贮存液）：称取 Tris 碱 54 g，硼酸 27.5 g，EDTA 3.6 g，用双蒸水定容至 1 L。

（12）溴乙锭溶液或者其他新型核酸染料。

（13）6×DNA 琼脂糖凝胶电泳上样缓冲液：含 0.25%溴酚蓝和 40%蔗糖（*m*/*V*）的水溶液；也可直接使用商品化的上样缓冲液。

（14）DNA 相对分子质量标准品（marker）。

（15）琼脂糖。

【实验器材】

台式高速冷冻离心机、涡旋振荡器、1.5 mL 微量离心管（高压灭菌）、微量移液器、微量移液器吸头、水平电泳槽、电泳仪、微波炉、手持紫外灯、凝胶成像系统、恒温摇床、恒温水浴锅、接种环、15ml 带盖试管。

【实验方法与步骤】

1. 质粒提取（碱裂解法小量提取）

（1）在 5 mL 含 50 μg/mL 氨苄西林的 LB 培养液中接种含质粒的单个大肠杆菌菌落，37 ℃、190 r/min、摇床振荡培养过夜。

（2）取上述细菌培养物 1～1.5 mL，移至 1.5 mL 微量离心管中，12 000 r/min 离心 30 s，弃上清液，收集细菌，再短暂离心，将残留液体吸净。

（3）在菌体沉淀中加入 100 μL 预冷的溶液Ⅰ，于涡旋振荡器上剧烈振荡均匀。

（4）加入 200 μL 新鲜配制的溶液Ⅱ，立即温和颠倒离心管 6～8 次以混合内容物，避免剧烈震荡，冰浴 5 min。

（5）加入 150 μL 预冷的溶液Ⅲ，立即温和颠倒离心管 6～8 次，冰浴 5 min。

（6）4 ℃，12 000 r/min 离心 5 min，取上清液移入干净的微量离心管中。

（7）向上清液中加入等体积的酚-氯仿-异戊醇混合液，用涡旋振荡器振荡 1～2 min，12 000 r/min 离心 2 min，取上清液，注意不要吸到中间的蛋白膜，移入另一个干净的微量离心管中。

（8）加入 2 倍体积预冷的无水乙醇，混匀，室温静置 2 min。

（9）12 000 r/min 离心 5 min 后，轻轻吸去上清液。再短暂离心，将残留液体吸净。

（10）用 70%乙醇溶液 1 mL 洗涤沉淀，4 ℃、12 000 r/min 离心 2 min。然后重复洗涤一次。吸去乙醇后于空气中开口晾干 10 min。

（11）将 DNA 溶解到 50 μL TE 缓冲液（含无 DNA 酶的 RNA 酶 20 μg/mL）中，用微量移液器枪头轻轻吹打均匀。此为提取的质粒，可进行后续酶切鉴定。

2. 质粒 DNA 的酶切反应

（1）取 3 只 1.5 mL 微量离心管，按照表 3-4 依次添加试剂。

表 3-4　质粒 DNA 的酶切反应体系　（单位：μL）

试剂	单酶切	双酶切	质粒对照
质粒	5	5	5
酶切缓冲液	2	2	2
灭菌双蒸水	12.5	12	13
*Hind*Ⅲ（15 U/μL）	0.5	0.5	—
*Nde*Ⅰ（15 U/μL）	—	0.5	—
总体积	20	20	20

（2）手指轻弹管壁混匀，短暂离心数秒，置 37 ℃水浴 1～2 h。

3. 琼脂糖凝胶电泳检测质粒 DNA 酶切产物

（1）制备 1.0%的琼脂糖凝胶：①称取琼脂糖 1.0 g，加电泳缓冲液（0.5×TBE）100 mL，微波炉加热溶解。待凝胶冷却至 50～60 ℃后（手感能耐受），加入溴乙锭 5 μL（终浓度为 0.5 μg/mL）或者新型核酸染料（按说明书要求稀释），混匀。②将琼脂糖凝胶制备模具的两端缝隙封好，置水平位置，选择孔径合适的加样孔梳子，安装好。梳齿必须与模具底面保持一定距离（0.5～1.0 mm），防止凝胶加样孔槽破裂，导致样品泄露。③将琼脂糖溶液缓慢倒入制胶模具中，直至形成厚度适当（一般为 0.3～0.5 cm）的胶层。小心加样孔周围的气泡，室温放置 10～30 min，使其冷却凝固。④小心取出梳子，将凝胶板置于电泳槽中，倒入 0.5×TBE 电泳缓冲液（将 5×TBE 贮存液稀释 10

倍即可，临用现配），使液面高于凝胶 1～2 mm。

（2）加样：分别取各管质粒酶切产物 5 μL，各加 1 μL 6×DNA 琼脂糖凝胶电泳上样缓冲液，混匀，加入点样孔中。

（3）电泳：接通电源线，开启电源开关，调电压为 10 V/cm，根据指示剂迁移的位置，并结合手提反射式紫外线灯显示的 DNA 迁移位置，判断电泳进度。

（4）观察结果：将凝胶放在凝胶成像系统的检测箱内，打开紫外灯，通过防护屏或者电脑观察 DNA 条带，拍照记录。

4. 结果分析 根据 DNA 条带的位置和条带数目进行分析，判断样品 DNA 分子大小与预期大小是否吻合。

【注意事项】

（1）菌液的培养需要提前 2 天准备，在实验前 2 天划线接种细菌到平板上，实验前 1 天从平板上挑取单菌落接种到液体培养基中。

（2）提取质粒的过程中，加溶液 Ⅰ 时可剧烈振荡，但加溶液 Ⅱ 时不可以剧烈振荡，且处理时间不能太长，避免基因组 DNA 断裂。溶液 Ⅱ 须新鲜配制。

（3）溴乙锭是 DNA 诱变剂，若使用溴乙锭作为核酸染料，需要戴手套操作。沾有溴乙锭的物品不能随意丢弃，需处理后才可丢弃。

（4）紫外线对眼睛有伤害，应注意防护。

【思考题】

（1）碱裂解法提取质粒的原理是什么？

（2）碱裂解法提取质粒的过程中，加入溶液 Ⅱ 为什么样品变黏稠？

（3）DNA 片段两端具有相同的末端，在插入质粒 DNA 载体的时候会存在两种不同的插入方向。如何通过限制性酶切实验来鉴定质粒中插入片段的方向？

（4）如果双酶切反应中两种酶没有通用的缓冲液，应如何进行酶切反应？

（刘小香）

实验 39 聚合酶链反应的应用

【实验目的】

（1）掌握 PCR 技术的概念和原理。

（2）熟悉 PCR 仪的使用及注意事项。

【实验原理】

聚合酶链反应（polymerase chain reaction，PCR）是一项体外特异扩增特定 DNA 片段的核酸合成技术，其原理类似于 DNA 分子的天然复制过程。以拟扩增的 DNA 分子为模板，以一对分别与模板 5′端和 3′端互补的寡核苷酸片段为引物，在 DNA 聚合酶的作用下，按照半保留复制机制沿着模板链延伸至完成新的 DNA 合成，重复这一过程，使目的 DNA 片段得到扩增。PCR 技术实际上是在模板 DNA、引物和 4 种脱氧核苷酸存在的条件下，依赖于 DNA 聚合酶的酶促反应。扩增的特异性取决于引物与模板 DNA 结合的专一性。

PCR 扩增包括三个步骤：①变性，加热使模板 DNA 双链间的氢键断裂，解离成两条单链；②退火，骤然降低温度，模板与引物按碱基配对原则互补结合（当然也存在两条模板链之间的结合，但由于引物的高浓度、结构简单等特点，主要的结合发生在引物与模板之间）；③延伸，在 DNA 聚合酶及镁离子等的存在下，从引物的 3′ 端开始，结合单核苷酸，形成与模板链互补的新的 DNA 链。通过变性、退火、延伸的一个循环，使目的 DNA 片段的数量增加 1 倍。由于每次扩增的产物又作为下一次扩增的模板，因此反应产物呈指数式增长，一个分子的模板经过 n 个循环可得 2^n 个分子拷贝产物（图 3-4）。

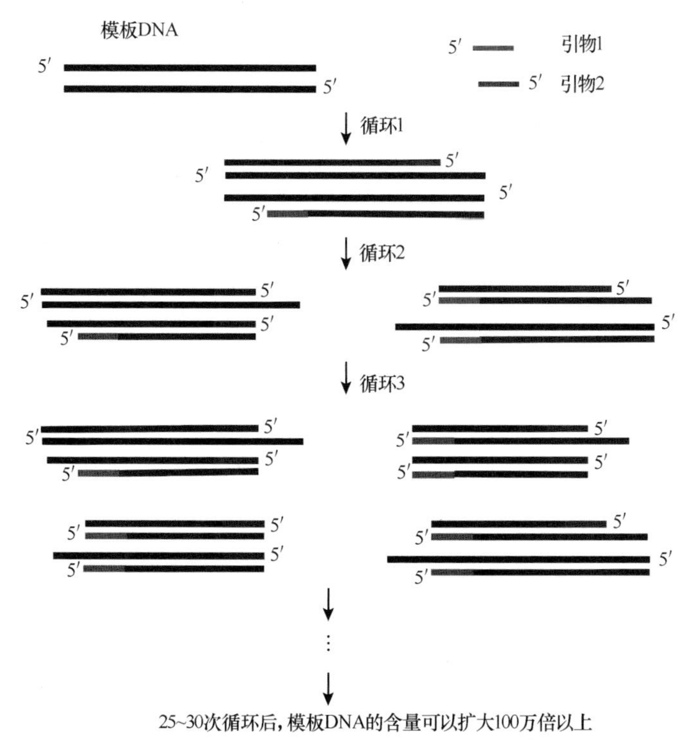

图 3-4　PCR 技术原理示意图

本实验以大肠杆菌 pUC19 质粒 DNA 为模板，扩增 M13 通用引物之间的 DNA 片段（149 bp）。扩增所用的引物序列如下所示。

（1）M13-上游引物：5′—CGCCAGGGTTTTCCCAGTCACGAC—3′

（2）M13-下游引物：5′—AGCGGATAACAATTTCACACAGGA—3′

【实验对象】

大肠杆菌 pUC19 质粒 DNA。

【实验试剂】

1. 模板 DNA　模板量不宜过多，否则会降低模板与引物形成的杂交双链的特异性，导致假阳性结果；模板量也不宜太少，否则 PCR 产物量过少，用琼脂糖凝胶电泳无法检测到，可导致假阴性结果。普通 PCR 体系中模板量一般为 0.1～10 ng。

2. 脱氧核苷三磷酸（dNTP）　25 mmol/L 的 4 种 dNTP 等体积混合。PCR 体系中 dNTP 的终浓度一般为 200 μmol/L，浓度过高会降低反应特异性，浓度过低会影响 PCR 的扩增效率。

3. 引物　决定 PCR 扩增产物的特异性和长度。PCR 需要两条寡核苷酸引物，即 5′ 端引物和 3′ 端引物，分别位于待扩增靶序列的两端，长度一般为 18～25 个核苷酸，与模板的正负链序列互补。在 PCR 中，引物浓度一般为 0.1～0.5 μmol/L，过低会影响产量，过高会引起错配或非特异性扩增，生成引物二聚体，使目的 DNA 片段产率下降。退火温度与引物熔点（T_m 值）有关，引物 T_m 值在 55～80℃较为理想。

4. *Taq* DNA 聚合酶　是目前应用最广的耐热性 DNA 聚合酶，从一种生活在 70～75 ℃温泉里的耐热菌中分离提纯得到，其具有良好的热稳定性，生物半衰期在 92.5 ℃时为 130 min，在 95 ℃时为 40 min，在 97 ℃时为 5～6 min，足以满足 PCR 的需要。该酶在 70～75℃时具有最高生物学活性，每一个酶分子每秒可延伸约 150 个核苷酸。在 100 μL PCR 中，1.5～2 U 的 *Taq* DNA 聚合酶就足以进行 30 个循环。所用的酶量可根据模板 DNA 量、引物及其他因素的变化进行适当的增减。

酶量过多会增加反应的碱基错配率，降低反应的特异性。

5. 10×PCR 缓冲液 可提供 PCR 合适的酸碱度及某些离子。10×PCR 缓冲液中含有 500 mmol/L KCl，100 mmol/L Tris-HCl（室温时 pH=8.3～8.8，72 ℃时 pH=7.2），1% Nonidet P40。各种 *Taq* DNA 聚合酶商品都有其特定的缓冲液。

6. 镁离子 Mg^{2+}为 *Taq* DNA 聚合酶活性所必需。Mg^{2+}浓度过低会显著降低酶活性，影响扩增效率；Mg^{2+}浓度过高会降低产物特异性。Mg^{2+}浓度还会影响引物的退火、模板与 PCR 产物的解链温度，从而影响扩增片段的产率。PCR 体系中，dNTP、引物、DNA 模板中所有磷酸基团均可与 Mg^{2+}结合而降低游离 Mg^{2+}浓度，而 *Taq* DNA 聚合酶活性与反应体系中游离 Mg^{2+}浓度有关，因此 Mg^{2+}总量应比 dNTP 的浓度高，一般保持在 0.2～2.5 mmol/L，常用 1.5 mmol/L。

7. 其他试剂 琼脂糖、DNA 上样缓冲液、电泳缓冲液、10 mg/mL 溴乙锭、DNA 分子量参照物。

【实验器材】

PCR 热循环仪、微量移液器（10 μL、100 μL 和 1000 μL）、微量移液枪及枪头、0.2 mL PCR 专用薄壁离心管、水平电泳槽、电泳仪、凝胶成像仪或紫外透射仪、离心机、涡旋混合器。

【实验方法与步骤】

1. 确定反应程序 在做 PCR 扩增以前需先确定反应程序，一个完整的 PCR 扩增程序主要包括循环前的预变性、由变性—退火—延伸组成的循环反应和循环后的延伸等步骤。

（1）变性温度与时间：PCR 中，模板 DNA 和 PCR 产物必须完全解离成单链，引物才能在退火过程中与模板结合。变性通过加热过程实现，一般在 94 ℃变性 5～10 min，进入循环反应后于 94 ℃变性 30～40 s，足以使 DNA 双链分子解离成单链。

（2）退火温度和时间：退火温度决定着 PCR 的特异性。退火的温度可以根据引物的长度和碱基组成来确定。合适的退火温度应低于引物 T_m 值 5 ℃左右，一般在 40～60 ℃。退火温度过低，引起非特异性扩增增多；退火温度过高，PCR 扩增产量下降。引物的长度在 15～25 bp 时，退火温度可通过 T_m=4（G+C）+2（A+T）计算得到。在 T_m 值允许的范围内，选择偏高的退火温度可大大减少引物和模板之间的非特异性结合，而退火时间一般选择 30～60 s 即足以使引物和模板完全结合。

（3）延伸温度与时间：一般 PCR 的延伸温度选择在 70～75 ℃，此时，*Taq* DNA 聚合酶具有最高活性，常用温度为 72 ℃。延伸时间可根据待扩增片段的长度而定，一般 1 kb 以内的 DNA 片段，延伸时间 1 min 即足够；3～4 kb 的靶序列需 3～4 min；扩增 10 kb 需 15 min 或更长。延伸时间过长易导致非特异性扩增。

（4）循环次数：PCR 循环次数主要取决于模板 DNA 的浓度，一般设为 25～35 个循环。如少于 25 个循环，扩增产物相对较少，用琼脂糖或聚丙烯酰胺凝胶电泳不易检测到。如多于 35 个循环，由于反应体系中反应组分的消耗和反应副产物的产生，扩增产物量不再随循环次数的增加而呈指数增长，即反应已处于平台期。

2. 配制反应体系

（1）取两个 PCR 管，一个为样品管，另一个为对照管，按表 3-5 加入各试剂（对照管中不加模板 DNA），在冰上操作。

表 3-5 PCR 体系（25 μL）各组分加入量及终浓度

PCR 体系	体积（μL）	终浓度
10×PCR 缓冲液	2.5	1×
dNTP 混合物（25 mmol/L）	0.2	200 μmol/L
$MgCl_2$（25 mmol/L）	2.5	2.5 mmol/L
引物 1（10 μmol/L）	1.0	0.4 μmol/L
引物 2（10 μmol/L）	1.0	0.4 μmol/L
模板 DNA（5 ng/μL）	1.0	0.2 ng/μL
Taq DNA 聚合酶（1 U/μL）	1.0	0.04 U/μL
双蒸水	15.8	

在涡旋混合器上短暂混匀后，12 000 r/min 离心 15 s，使液体沉至管底。

（2）扩增反应：将 PCR 管放入 PCR 仪中，按仪器操作要求启动扩增程序。本实验的扩增程序为 94 ℃预变性 5 min；94 ℃变性 45 s，55 ℃退火 30 s，72 ℃延伸 40 s，重复 30 个循环；72 ℃延伸 5 min。

3. 产物分析 反应结束后，小心取出 PCR 管，取 10 μL 扩增产物与 1 μL 10×DNA 上样缓冲液混合，放入配制好的琼脂糖凝胶样品槽内，进行电泳检测，同时加入 DNA 分子量参照物以检测扩增产物片段的大小。

【注意事项】

（1）PCR 体系所加成分的实际用量应根据实验者选用的该成分的终浓度及所拥有的贮备液浓度进行核算。

（2）操作时应戴手套，所有试剂都应该没有核酸和核酸酶的污染，枪头、离心管应高压灭菌。

（3）加样时要认真、仔细；枪头垂直进入试剂管，每加完一个样品要换一个枪头，避免试剂污染；同时在已加样品的试剂管作记号以防止错加或漏加。

（4）*Taq* DNA 聚合酶（置于冰盒上）应最后加入，尽量减少与室温接触的机会。

（5）PCR 实验要设立阴性对照管，即在反应体系中不加模板 DNA。

【临床意义】

1. PCR 技术用于遗传性疾病的基因诊断 遗传病是由于人体遗传物质发生改变而引起的疾病，包括单基因遗传病、多基因遗传病和染色体遗传病。到目前为止，已发现的遗传病多达 6000 多种。点突变、缺失是人类遗传病的主要基因突变类型。最早临床采用限制酶片段长度多态性连锁分析结合寡核苷酸探针杂交技术检测遗传病，因其涉及同位素标记，且样本需求量大、操作复杂而在临床应用中受到限制。PCR 技术的出现为遗传病的诊断开辟了新途径，目前有近 200 种遗传病可直接通过以 PCR 为基础的各种分子生物学技术进行诊断。

用 PCR 进行诊断有成本低、快速、对样品的质量和数量要求不高等特点，可在妊娠早期取得少量样品（如羊水、绒毛）进行操作，以进行及早的产前诊断，为优生提供了有效的方法。目前是在 PCR 之后结合其他技术进行基因诊断，主要有三种不同的方法：①PCR 后直接电泳，根据特异性扩增带作出诊断；②PCR 结合限制酶片段长度多态性连锁分析作出诊断；③PCR 结合特异寡核苷酸探针杂交技术进行基因诊断。

2. PCR 技术用于感染性疾病的基因诊断 利用 PCR 可以检测标本中的各种病毒、细菌、真菌、支原体、螺旋体、寄生虫等病原体，标本可以是组织、细胞、血液、排泄物等。只要设计的引物正确，通过 PCR 扩增将反应产物进行电泳，便可看到特异的区带。对于病毒或某些细菌，如肝炎病毒、人乳头瘤状病毒等，还可以进行分型。值得注意的是，使用 PCR 进行临床检验时，通常应设置阳性对照与阴性对照，以防出现假阳性或假阴性结果。

3. PCR 技术用于肿瘤的基因诊断 随着分子肿瘤学研究的发展，目前已能从基因水平对癌症进行诊断，也能通过检测与癌变有关的基因标志物来判定肿瘤的良恶性程度、进展及耐药性。

4. PCR 技术在法医学上的应用 PCR 技术高度敏感，对模板 DNA 的量要求很低，是 DNA 微量分析最好的方法。理论上讲，即使样品 DNA 已经降解，但只要有一条 DNA 链包含了欲扩增的靶序列，便可进行 PCR 扩增，获得目的片段。在法医取证方面，往往存在取样量不够、DNA 降解等问题，PCR 技术的发展和应用有效地解决了这个难题。对于作案现场留下的少量证据，如一根毛发、一滴血、少量精液、口腔上皮细胞、牙齿等都可进行 DNA 扩增分析，由此为司法鉴定提供客观的证据。

【思考题】

（1）PCR 的反应原理是什么？

（2）PCR 体系包括哪些成分？

（3）PCR 技术的主要用途有哪些？

（陈秀芳）

第四章

实验设计与数据分析

第一节　学生实验设计

一、生物化学实验的基本类型

在生物化学的研究过程中，大部分的问题单纯凭借观察是难以得出结论的，需要通过实验进行深入的研究。与单纯的观察不同，实验是在人为控制研究对象、研究条件等前提下进行的一种观察。

生物化学实验的性质：按照事先设定的目的要求设计实施过程，要回答做什么、怎么做、做哪些、解决或验证什么问题。

生物化学实验的特点：生物化学实验包括生物物质的制备、鉴定、结构分析、动力学测定等。

（1）生物化学实验相关制品都要求高纯度。制备实验一般要求从杂质含量高的提取物、提取液中分离纯化单一组分。混合物中目标组分的含量可能很低。

（2）目标产物应保留原有生物活性。生物化学研究的是细胞中物质分子的功能，每种物质分子的功能都需要特定的分子构象作为基础。

1. 定性实验、定量实验和结构分析实验　按照实验目的的不同，可以把实验分为定性实验、定量实验和结构分析实验。

（1）定性实验：是用来判定因素是否存在、各因素间是否存在关联等的实验，如对生物大分子组成成分的检测等。但是定性实验并不是完全不研究量的问题，因为某一个实验现象从无到有的过程本身即含有量的变化。

（2）定量实验：是测出某一研究对象的数值，或求出研究对象与数量之间经验公式的实验。

（3）结构分析实验：是用以了解被研究对象内部各种成分之间空间结构的实验，如对蛋白质空间结构的解析。

2. 探索性实验、验证性实验和判定性实验　根据实验目的的不同，还可将实验分为探索性实验、验证性实验和判定性实验。

（1）探索性实验：是为探寻未知事物或现象的性质及其规律所进行的实验活动，是由于人们对研究对象不了解而设计的实验，如蛋白质等电点的测定。

（2）验证性实验：是人们在对研究对象有了一定的了解并形成了一定的认识和（或）提出了某种假说之后，为验证这种认识或假说是否正确而开展的实验，如通过氨基酸呈色反应测定待测样品蛋白质的含量。

（3）判定性实验：是为验证某一科学假说、理论或设计方案正确与否而设计的予以最后判定、得出判决结论的实验。

3. 对比实验和模拟实验　根据实验设计的不同，可以将实验分为对比实验和模拟实验。

（1）对比实验：是设置两个或两个以上的实验组，对照比较探究各种因素与实验对象之间关系的实验，分为横向对比实验和纵向对比实验。横向对比实验将研究对象分为若干组，其一为对照组作为比较的标准，其余为实验组。通过实验步骤考察实验结果的组间差异，以便确定特定因素对实验组的影响。纵向对比实验沿着时间轴做前后的对比，即分析对同一实验对象施加不同影响时前后的变化。

（2）模拟实验：有些生物化学、分子生物学研究难以直接拿研究对象做实验，此时需要用模型来替代，即人为地创造一定的因素或条件，在模拟的条件下进行实验。

二、生物化学实验的基本流程

生物化学实验的基本流程主要包括选择合适的课题、设计合理的实验、实验操作、数据处理，以及整理、发表研究结果。

1. 选择合适的课题 实验课题应根据实验目的、主客观条件等因素来确定，需要明确为什么要进行实验、需重点解决什么问题、采用的是哪一种实验类型。正确的选题要有目的性和计划性，也要有一定的灵活性，可根据实际情况及时作出调整。

2. 设计合理的实验 实验的构思与设计是通过少量事实（预实验）构建模型假说，根据背景知识（文献）作出推论，以实验确认推论的过程。实验设计是实验过程的依据、数据处理的前提，也是提高实验结果质量的保证，是整个生物化学实验的关键。在生物化学研究中，应根据实验目的结合统计学的要求，针对实验全过程制订研究计划。一个科学、周密、完善的实验设计能够合理安排各种实验要素，严格控制实验误差。设计实验的总体原则是对照、重复和随机化，具体如下。

（1）分析研究对象：通过现有的知识体系和科学思维方式对实验对象进行深入分析，找到所隐藏的问题、需要揭示的规律、需要验证的有关数值，从而思考从哪个方向入手、用哪种方法来研究实验对象。

（2）构思实验原理：生物化学实验一定是在科学的理论指导下开展的，这些理论包括实验所探索的原理及实验主要仪器所应用的原理。

（3）设计实验方案：实验方案包括实验技术手段与仪器，主要内容包括以下几点。

1）拟定相互比较的处理：处理就是在实验过程中施加给实验对象的因素。处理要保持如一、按一个标准进行。例如，实验的处理因素是药物，则药物成分、含量、出厂批号等在这个实验过程中必须保持不变。

2）确定实验对象和数量：要根据实验目的明确采用哪种实验对象，如何种动物或组织标本。还要明确每个实验对象需要具备的条件与要求，保证一致性。实验对象例数不能过少。

3）确定各实验对象（单位）分配到不同处理中去的原则，一般采取随机分配。

4）确定观察项目：要根据研究目的选择最有意义的，具有客观性、一定特异性和灵敏度的指标作为观察项目。

5）拟定数据统计方案：确定如何对获得的数据资料进行整理，采用何种统计分析方法和软件，如计量方法是计算算数平均数、几何平均数还是中位数。

3. 实验操作 略。

4. 数据处理 大部分的生物化学实验都是从实验数据的分析中得出重要结论的。数据处理包括技术处理和理论分析。运用数学方法对记录的实验结果加以分析，包括实验误差的分析、有效数据的运算和实验数据的处理。具体采用的统计分析软件见本章第三节。

5. 整理、发表研究结果 实验报告的书写方法见本章第二节。

三、思 考 题

请回顾这一学期所做过的各类实验属于哪一种类型的实验。

（王黎芳）

第二节 实验报告的书写

实验报告是指通过实验中的观察、分析、综合、判断，如实地把实验的全过程和实验结果用文字形式记录下来的书面材料。在临床研究和生物医药领域，原始实验记录的真实性和完整性是国家医药卫生管理部门进行项目核查的重点考核指标，因此养成规范的实验报告记录书写习惯也是实验专业人才的培养目标。

书写实验报告是实验教学过程中的重要环节，实验报告的书写、记录、分析、总结和归纳有助于加深对实验的理解，掌握实验的目的、意义和方法，巩固相关的基础理论知识，既可将理论与实践相结合，又提高了学生观察问题、分析问题、解决问题的能力和写作表达能力。

实验报告书写内容包括以下几项。

1. 一般情况 包括实验名称、专业、班级、组别、姓名、学号、日期等，应一一书写清楚。

2. 实验目的 是实验研究的主要任务，能使实验者明白要干什么及要取得什么结果，因此应给予简述。

3. 实验原理 是实验的依据，是理论与实际的衔接，是把学生从理论的框架引向实际轨道的桥梁，应力求简明扼要。

4. 实验试剂和器材 如实描述实验中使用的试剂和器材。

5. 实验方法和步骤 以实验具体操作为依据，将其内容、步骤及观测数据如实描述。重视细节的记录，如在冰浴上做的实验需如实记录实验的温度条件、记录分析天平称量的最后显示数据、注意数据的精密度。

6. 实验结果 首先应该记录直接观察到的数据结果，如特定波长下的吸收值。使用的仪器如果配备配套的打印设备，将原始图谱等打印一份粘贴在实验记录本（实验报告）中，并记录得到该图谱对应的实验条件。实验结果的表达形式有图、表和文字三种，应根据实验的要求，把所得的实验结果和数据进行整理、归纳、分析和对比，并尽量总结成各种图表，如标准曲线图及实验组与对照组实验结果的对比表等。

7. 实验结论及分析 针对实验结果做深入分析，根据实验现象，联系理论，分析实验现象的本质，对实验结果进行评价，分析与理论的差异及其原因，分析和讨论异常结果，找出存在的问题，提出改进设想。如果实验有失误或不成功的地方，也要分析并引以为戒。结论是一篇实验报告的点睛之笔，需要用简洁的语言表达出来。

实验报告是检查学生知识掌握程度和衡量学生能力的一面镜子，也是培养认真严谨的科学态度的重要环节，认真书写实验报告有助于提高学生自主获取知识的能力、查阅文献的能力及创新思维能力，进而提高论文撰写能力，可为今后毕业论文和科研论文的撰写奠定良好的基础。

（周 婕）

第三节 常用统计分析软件

一、SAS

统计分析系统（Statistical Analysis System，SAS）具有完备的数据访问、数据管理、数据分析功能。SAS 提供的主要分析功能包括统计分析、经济计量分析、时间序列分析、决策分析、财务分析和全面质量管理工具等，是公认的数据统计分析标准软件。

SAS 的结构为模块组合式，以汇编语言编写而成，如需使用 SAS 需要编写程序，比较适合统计专业人员，非统计专业人员学习 SAS 比较困难。

网址：http：//www.sas.com/。

二、SPSS

社会学统计程序包（Statistical Package for the Social Science，SPSS），或称统计解决方案服务软件，优点是操作比较方便，统计方法较齐全，绘制图形、表格比较方便，输出结果直观。SPSS的基本功能包括数据管理、统计分析、图表分析、输出管理等；统计分析过程可分为描述性统计、均值比较、一般线性模型、相关分析、回归分析、对数线性模型、聚类分析、数据简化、生存分析、时间序列分析、多重响应等几大类，每类又分若干统计过程，如回归分析可分为线性回归分析、Logistic 回归、Probit 回归、加权估计、非线性回归等多个统计过程。

SPSS 以 Windows 窗口方式管理和分析数据，以对话框形式呈现功能选项。与 SAS 软件不同，只要是掌握一定的 Windows 操作技能，学习过基本的统计分析原理，就可以使用 SPSS 软件进行数据分析。其中，SPSS for Windows 版本可以直接读取 Excel 数据文件，非常便捷。

网址：http：//www.spss.com/。

三、DAS

药理学计算软件（Drug And Statistics，DAS）的统计分析内容涵盖基础药理学、临床药理学、药学，能将多种处理结果同时呈现，适合药理学实验结果的统计分析。

DAS 统计软件采用 Excel 平台，可以将图表直接插入文档。

网址：http：//www.drugchina.net/。

四、Stata

Stata 统计软件采用命令操作，统计分析方法较齐全，计算结果的输出形式简洁，绘制的图形精美。其缺点是数据的兼容性差，占内存空间较大。

网址：http：//www.stata.com/。

五、PEMS

中国医学百科全书—医学统计学软件包（Package for Encyclopaedia of Medical Statistics，PEMS）是基于《中国医学百科全书》开发的，特点是统计方法比较全，能够实现各种统计方法的计算，适合从事医学工作的非统计专业人员使用。

六、EPINFO

流行病学统计程序（Statistics Program for Epidemiology on Microcomputer，EPINFO）为完全免费的软件。其优势是数据录入直观，操作方便，但统计功能比较简单，主要用于流行病学领域中的数据录入和管理工作。

七、Excel

Excel 电子表格可进行各类数据的处理、统计分析和辅助决策。Excel 含有大量的公式函数可供选择，以执行计算、分析信息、管理电子表格或网页中的数据信息列表及数据资料图表制作等工作。其特点是对表格的管理和统计图制作功能强大，容易操作。其数据分析插件 XLSTAT 也能进行数据统计分析，但不足的是运算速度慢，统计方法不全。

【思考题】

对老师给定的数据，以 SPSS 和 Excel 分别做 χ^2 检验。

（王黎芳）

第四节 生物化学研究论文写作简介

生物化学研究论文主要包括五种形式：论著、综述、短篇报道、文摘、技术方法。下面以论著为例阐述研究论文的撰写方法。

一、论文基本要求

研究论文具有原创性和独到性的特点，因此全文需要满足以下要求。

（1）论文要涵盖一定的工作量，体量符合研究结果所对应的量。

（2）必须体现研究结果的新颖性和（或）研究手段的先进性等，实验设计严谨、指标选取合理、论点准确、数据客观。

（3）全文论证要具有逻辑性，保证结论的可靠。

（4）格式规范，语言通畅，文字简洁，图表清晰，标识、数据准确，图表内容与文字素材一致。

（5）严格遵守诚信，不以主观的数据证明论点，不编造实验结果，不盗用他人成果。

二、论 文 格 式

论文全文包括题目、摘要、关键词、前言、材料与方法、结果、讨论、参考文献、致谢申明等，也可根据杂志的不同要求而有所不同。

1. 题目 论文题目应该围绕内容提炼，简明扼要地说明论文最重要的结论或亮点。一般 20 字左右。

2. 中英文摘要 以简练的语言、清楚的层次简述全文的主要内容，包括实验的目的、方法、结果和结论。字数一般在 200～300 字。

摘要后附 3～5 个关键词，同样要求涵盖研究的主要内容，可以从题目中凝练。

3. 前言 也称引言，要求阐述研究的意义、创新点，以及相关研究处于何种水平。通常可沿时间轴简述前人在该领域的研究概况，提出目前还有哪些问题尚未解决，为什么要研究这个问题，解决该问题有何意义。同时也应简述本文所做的研究工作与他人的工作有何不同之处，以及其创新点。

4. 材料与方法

（1）实验材料：包括实验对象（动物、患者等受试对象）、使用的主要设备、主要试剂和药品，常规设备试剂不必罗列。实验动物要求写出动物品系、等级、体重、性别（必要时）、提供单位等。设备和药品应标明厂家和产地等，便于审稿专家对实验结果的可靠性进行评价。

（2）研究方法

1）实验对象分组：分组要体现随机性原则。要写清楚分组方法和各组的处理步骤。

2）对受试对象的处理：要写明采用何种要素和方法处理受试对象。例如，以免疫组织化学方法检测肿瘤组织细胞某一基因表达量时，要说明用了几例组织标本，每例标本做了几张切片，每张切片观察了几个视野，如何统计以上参数。若是向实验动物给药，则要求写清楚给药的计量、时间、饲养条件等。

3）数据收集：要求写清楚选择了哪些研究指标，以及数据收集和统计的方法。

5. 结果 是上述实验方法实施之后所得到的数据及结论，通常以图表的形式呈现并辅以文字。

要注意，能够使用图表表达清楚的结果应尽量少用文字，文字只是补充和说明。表是常用的结果直观呈现方式之一，另一常用的结果呈现方式是统计图，包括直线图、直方图、示意图、曲线图、模式图、比例图等，要根据数据内容选择合适的类型。照片可以展示电泳、细胞结构形态等实验结果。显微照片要求能清楚地显示所要展示的结构，所选择的放大倍数应合适、视野清晰度高。

整个实验过程会产生很多数据，在写实验结果之前，必须对数据进行选择，与结论无关的可暂不用，防止将做过的实验结果不加选择地堆砌在论文中。

6. 讨论　是科研论文的核心部分，是在对研究结果分析的基础上得出的结论，同时可用有力的论据，如公认的经典理论、前人的研究结论来论证本文结果的确定性、结论的可靠性。

在写讨论之前，要先确定论点，然后思考选择用哪些论据来阐明论点，从几个方面阐明论点。除了引用国内外其他作者的研究结论外，与综述不同的是，讨论中必须有用本科研团队所得的实验结果作为论据说明论点的部分。只有通过对他人结论的引证、分析及与本团队实验结果、结论的比较，才能证明本文所提出的论点的正确性。当本文结论与经典理论或前人实验结论不一致时，要分析指出存在差异的原因，提出解决差异问题的思路。

7. 参考文献　参考文献的选择、引用与著录不仅是论文前言、讨论的需要，还可以反映论文作者的学术水平、结论的可靠性，同时为审稿专家审阅论文提供了依据，也为读者理解论文、进一步研究提供了素材。

在论文中引用他人文献进行讨论时，一般只引用结论性语言。不能间接引用文献，即所引用的结论必须是所引文献的实验结论，而非二次引用。应尽量引用最新且有代表性的文献，数量应适量。引用的文献必须是正式出版文献，文献著录格式因杂志要求不同而不同。

【思考题】

阅读一篇老师给定的文献，然后进行文献交流。

（王黎芳）

附录 1

常用缓冲液的配制

1. 甘氨酸-盐酸缓冲液（0.05 mol/L） 取 X mL 0.2 mol/L 甘氨酸溶液+Y mL 0.2 mol/L HCl 溶液混合，再加水稀释至 200 mL（附表 1-1）。

附表 1-1 甘氨酸-盐酸缓冲液配制表

pH	X	Y	pH	X	Y
2.2	50	44.0	3.0	50	11.4
2.4	50	32.4	3.2	50	8.2
2.6	50	24.2	3.4	50	6.4
2.8	50	16.8	3.6	50	5.0

注：甘氨酸分子量=75.07；0.2 mol/L 甘氨酸溶液的质量浓度为 15.01 g/L。

2. 甘氨酸-氢氧化钠缓冲液（0.05 mol/L） 取 X mL 0.2 mol/L 甘氨酸＋Y mL 0.2 mol/L NaOH 溶液，加水稀释至 200 mL（附表 1-2）。

附表 1-2 甘氨酸-氢氧化钠缓冲液配制表

pH	X	Y	pH	X	Y
8.6	50	4.0	9.6	50	27.4
8.8	50	6.0	9.8	50	27.2
9.0	50	8.8	10.0	50	32.0
9.2	50	12.0	10.4	50	38.6
9.4	50	16.8	10.6	50	45.5

注：甘氨酸分子量=75.07；0.2 mol/L 甘氨酸溶液的质量浓度为 15.01 g/L。

3. 邻苯二甲酸氢钾-盐酸缓冲液（0.05 mol/L） 取 X mL 0.2 mol/L 邻苯二甲酸氢钾溶液＋Y mL 0.2 mol/L HCl 溶液混合，再加水稀释至 20 mL（附表 1-3）。

附表 1-3 邻苯二甲酸氢钾-盐酸缓冲液配制表

pH（20℃）	X	Y	pH（20℃）	X	Y
2.2	5	4.670	3.2	5	1.470
2.4	5	3.960	3.4	5	0.990
2.6	5	3.295	2.6	5	0.597
2.8	5	2.642	3.8	5	0.263
3.0	5	2.032			

注：邻苯二甲酸氢钾分子量=204.23；0.2 mol/L 邻苯二甲酸氢钾溶液的质量浓度为 40.85 g/L。

4. 邻苯二甲酸氢钾-氢氧化钠缓冲液 取 50 mL 0.1mol/L 邻苯二甲酸氢钾溶液+*X* mL 0.1 mol/L NaOH 溶液混合，稀释至 100 mL（附表 1-4）。

附表 1-4 邻苯二甲酸氢钾-氢氯化钠缓冲液配制表

pH	*X*	pH	*X*	pH	*X*
4.1	1.3	4.8	16.5	5.5	36.6
4.2	3.0	4.9	19.4	5.6	38.8
4.3	4.7	5.0	22.6	5.7	40.6
4.4	6.6	5.1	25.5	5.8	42.3
4.5	8.7	5.2	28.8	5.9	43.7
4.6	11.1	5.3	31.6		
4.7	13.6	5.4	34.1		

注：邻苯二甲酸氢钾分子量＝204.23；0.1 mol/L 邻苯二甲酸氢钾溶液的质量浓度为 20.43 g/L。

5. 磷酸氢二钠-柠檬酸缓冲液 见附表 1-5。

附表 1-5 磷酸氢二钠-柠檬酸缓冲液配制表

pH	0.2 mol/L Na_2HPO_4（mL）	0.1 mol/L 柠檬酸（mL）	pH	0.2 mol/L Na_2HPO_4（mL）	0.1 mol/L 柠檬酸（mL）
2.2	0.40	19.60	5.2	10.72	9.28
2.4	1.24	18.76	5.4	11.15	8.85
2.6	2.18	17.82	5.6	11.60	8.40
2.8	3.17	16.83	5.8	12.09	7.91
3.0	4.11	15.89	6.0	12.63	7.37
3.2	4.94	15.06	6.2	13.22	6.78
3.4	5.70	14.30	6.4	13.85	6.15
3.6	6.44	13.56	6.6	14.55	5.45
3.8	7.1	12.90	6.8	15.45	4.55
4.0	7.71	12.29	7.0	16.47	3.53
4.2	8.28	11.72	7.2	17.39	2.61
4.4	8.82	11.18	7.4	18.17	1.83
4.6	9.35	10.65	7.6	18.73	1.27
4.8	9.86	10.14	7.8	19.15	0.85
5.0	10.30	9.70	8.0	19.45	0.55

注：磷酸氢二钠（Na_2HPO_4）分子量＝141.98；0.2 mol/L Na_2HPO_4 溶液的质量浓度为 28.40 g/L。
$Na_2HPO_4 \cdot 2H_2O$ 分子量＝178.05；0.2 mol/L $Na_2HPO_4 \cdot 2H_2O$ 溶液的质量浓度为 35.61 g/L。
$Na_2HPO_4 \cdot 12H_2O$ 分子量＝358.22；0.2 mol/L $Na_2HPO_4 \cdot 12H_2O$ 溶液的质量浓度为 71.64 g/L。
柠檬酸（$C_6H_8O_7 \cdot H_2O$）分子量＝210.14；0.1 mol/L 柠檬酸溶液的质量浓度为 21.01 g/L。

6. 柠檬酸-氢氧化钠-盐酸缓冲液 见附表 1-6。

附表 1-6 柠檬酸-氢氧化钠-盐酸缓冲液配制表

pH	钠离子浓度（mol/L）	柠檬酸（g）	氢氧化钠（g）	浓盐酸（mL）	最终体积（L）①
2.2	0.20	210	84	160	10
3.1	0.20	210	83	116	10
3.3	0.20	210	83	106	10

续表

pH	钠离子浓度（mol/L）	柠檬酸（g）	氢氧化钠（g）	浓盐酸（mL）	最终体积（L）[①]
4.3	0.20	210	83	45	10
5.3	0.35	245	144	68	10
5.8	0.45	285	186	105	10
6.5	0.38	266	156	126	10

注：①使用时可以每升中加入 1 g 苯酚，若最后 pH 有变化，再用少量 50% 氢氧化钠溶液或浓盐酸调节，在冰箱中保存。

7. 柠檬酸-柠檬酸钠缓冲液 见附表 1-7。

附表 1-7 柠檬酸-柠檬酸钠缓冲液配制表

pH	0.1 mol/L 柠檬酸（mL）	0.1 mol/L 柠檬酸钠（mL）	pH	0.1 mol/L 柠檬酸（mL）	0.1 mol/L 柠檬酸钠（mL）
3.0	18.6	1.4	5.0	8.2	11.8
3.2	17.2	2.8	5.2	7.3	12.7
3.4	16.0	4.0	5.4	6.4	13.6
3.6	14.9	5.1	5.6	5.5	14.5
3.8	14.0	6.0	5.8	4.7	15.3
4.0	13.1	6.9	6.0	3.8	16.2
4.2	12.3	7.7	6.2	2.8	17.2
4.4	11.4	8.6	6.4	2.0	18.0
4.6	10.3	9.7	6.6	1.4	18.6
4.8	9.2	10.8			

注：柠檬酸（$C_6H_8O_7 \cdot H_2O$）分子量=210.14；0.1 mol/L 柠檬酸溶液的质量浓度为 21.01 g/L。
柠檬酸钠（$Na_3C_6H_5O_7 \cdot 2H_2O$）分子量=294.12；0.1 mol/L 柠檬酸钠溶液的质量浓度为 29.41 g/L。

8. 乙酸-乙酸钠缓冲液 见附表 1-8。

附表 1-8 乙酸-乙酸钠缓冲液配制表

pH（18℃）	0.2 mol/L NaAc（mL）	0.2 mol/L HAc（mL）	pH（18℃）	0.2 mol/L NaAc（mL）	0.2 mol/L HAc（mL）
3.6	0.75	9.35	4.8	5.90	4.10
3.8	1.20	8.80	5.0	7.00	3.00
4.0	1.80	8.20	5.2	7.90	2.10
4.2	2.65	7.35	5.4	8.60	1.40
4.4	3.70	6.30	5.6	9.10	0.90
4.6	4.90	5.10	5.8	6.40	0.60

注：乙酸钠（$NaAc \cdot 3H_2O$）分子量=136.09；0.2 mol/L 乙酸钠溶液的质量浓度为 27.22 g/L。

9. 磷酸二氢钾-氢氧化钠缓冲液 取 X mL 0.2 mol/L KH_2PO_4 溶液+Y mL 0.2 mol/L NaOH 溶液混合，加水稀释至 20 mL（附表 1-9）。

附表 1-9 磷酸二氢钾-氢氧化钠缓冲液配制表

pH（20℃）	X	Y	pH（20℃）	X	Y
5.8	5	0.372	6.2	5	0.860
6.0	5	0.570	6.4	5	1.260

续表

pH（20℃）	X	Y	pH（20℃）	X	Y
6.6	5	1.780	7.4	5	3.950
6.8	5	2.365	7.6	5	4.280
7.0	5	2.963	7.8	5	4.520
7.2	5	3.500	8.0	5	4.680

10. 磷酸氢二钠-磷酸二氢钠缓冲液 见附表 1-10。

附表 1-10 磷酸氢二钠-磷酸二氢钠缓冲液配制表

pH	0.2 mol/L Na_2HPO_4（mL）	0.2 mol/L NaH_2PO_4（mL）	pH	0.2 mol/L Na_2HPO_4（mL）	0.2 mol/L NaH_2PO_4（mL）
5.8	8.0	92.0	7.0	61.0	39.0
5.9	10.0	90.0	7.1	67.0	33.0
6.0	12.3	87.7	7.2	72.0	28.0
6.1	15.0	85.0	7.3	77.0	23.0
6.2	18.5	81.5	7.4	81.0	19.0
6.3	22.5	77.5	7.5	84.0	16.0
6.4	26.5	73.5	7.6	87.0	13.0
6.5	31.5	68.5	7.7	89.5	10.5
6.6	37.5	62.5	7.8	91.5	8.5
6.7	43.5	56.5	7.9	93.0	7.0
6.8	49.0	51.0	8.0	94.7	5.3
6.9	55.0	45.0			

注：$Na_2HPO_4 \cdot 2H_2O$ 分子量＝178.05；0.2 mol/L $Na_2HPO_4 \cdot 2H_2O$ 溶液的质量浓度为 35.61 g/L。
$Na_2HPO_4 \cdot 12H_2O$ 分子量＝358.22；0.2 mol/L $Na_2HPO_4 \cdot 12H_2O$ 溶液的质量浓度为 71.64 g/L。
$NaH_2PO_4 \cdot H_2O$ 分子量＝138.01；0.2 mol/L $NaH_2PO_4 \cdot H_2O$ 溶液的质量浓度为 27.6 g/L。
$NaH_2PO_4 \cdot 2H_2O$ 分子量＝156.03；0.2 mol/L $Na_2HPO_4 \cdot 2H_2O$ 溶液的质量浓度为 31.21 g/L。

11. 磷酸氢二钠-氢氧化钠缓冲液 取 50 mL 0.05 mol/L 磷酸氢二钠溶液+X mL 0.1mol/L 氢氧化钠溶液混合，加水稀释至 100 mL（附表 1-11）。

附表 1-11 磷酸氢二钠-氢氧化钠缓冲液配制表

pH	X	pH	X	pH	X
10.9	3.3	11.3	7.6	11.7	16.2
11.0	4.1	11.4	9.1	11.8	19.4
11.1	5.1	11.5	11.1	11.9	23.0
11.2	6.3	11.6	13.5	12.0	26.9

注：$Na_2HPO_4 \cdot 2H_2O$ 分子量＝178.05；0.05 mol/L $Na_2HPO_4 \cdot 2H_2O$ 溶液的质量浓度为 8.90 g/L。
$Na_2HPO_4 \cdot 12H_2O$ 分子量＝358.22；0.05 mol/L $Na_2HPO_4 \cdot 12H_2O$ 溶液的质量浓度为 17.91g/L。

12. 磷酸氢二钠-磷酸二氢钾缓冲液 见附表 1-12。

附表 1-12 磷酸氢二钠-磷酸二氢钾缓冲液配制表

pH	1/15 mol/L Na_2HPO_4（mL）	1/15 mol/L KH_2PO_4（mL）	pH	1/15 mol/L Na_2HPO_4（mL）	1/15 mol/L KH_2PO_4（mL）
4.92	0.10	9.90	7.17	7.00	3.00
5.29	0.50	9.50	7.38	8.00	2.00
5.91	1.00	9.00	7.73	9.00	1.00
6.24	2.00	8.00	8.04	9.50	0.50
6.47	3.00	7.00	8.34	9.75	0.25
6.64	4.00	6.00	8.67	9.90	0.10
6.81	5.00	5.00	8.18	10.00	0
6.98	6.00	4.00			

注：$Na_2HPO_4·2H_2O$ 分子量＝178.05；1/15 mol/L $Na_2HPO_4·2H_2O$ 溶液的质量浓度为 11.876 g/L。
$KH_2PO_4·2H_2O$ 分子量＝136.09；1/15 mol/L $KH_2PO_4·2H_2O$ 溶液的质量浓度为 9.078 g/L。

13. 巴比妥钠-盐酸缓冲液 见附表 1-13。

附表 1-13 巴比妥钠-盐酸缓冲液配制表

pH（18℃）	0.04 mol/L 巴比妥钠（mL）	0.2 mol/L HCl（mL）	pH（18℃）	0.04 mol/L 巴比妥钠（mL）	0.2 mol/L HCl（mL）
6.8	100	18.4	8.4	100	5.21
7.0	100	17.8	8.6	100	3.82
7.2	100	16.7	8.8	100	2.52
7.4	100	15.3	9.0	100	1.65
7.6	100	13.4	9.2	100	1.13
7.8	100	11.47	9.4	100	0.70
8.0	100	9.39	9.6	100	0.35
8.2	100	7.21			

注：巴比妥钠分子量＝206.18；0.04 mol/L 巴比妥钠溶液的质量浓度为 8.25 g/L。

14. Tris-HCl 缓冲液 取 50 mL 0.1mol/L 三羟甲基氨基甲烷（Tris）溶液+X mL 0.1mol/L 盐酸混匀，稀释至 100 mL（附表 1-14）。

附表 1-14 Tris-HCl 缓冲液配制表

pH（25℃）	X	pH（25℃）	X
7.10	45.7	8.10	26.2
7.20	44.7	8.20	22.9
7.30	43.4	8.30	19.9
7.40	42.0	8.40	17.2
7.50	40.3	8.50	14.7
7.60	38.5	8.60	12.4
7.70	36.6	8.70	10.3
7.80	34.5	8.80	8.5
7.90	32.0	8.90	7.0
8.00	29.2	9.00	5.7

注：Tris 分子量＝121.14；0.1 mol/L Tris 溶液的质量浓度为 12.114 g/L。Tris 溶液可从空气中吸收二氧化碳，使用时注意将瓶盖盖严。

15. 硼酸-硼砂缓冲液 见附表 1-15。

附表 1-15 硼酸-硼砂缓冲液配制表

pH	0.05 mol/L 硼砂（mL）	0.2 mol/L 硼酸（mL）	pH	0.05 mol/L 硼砂（mL）	0.2 mol/L 硼酸（mL）
7.4	1.0	9.0	8.2	3.5	6.5
7.6	1.5	8.5	8.4	4.5	5.5
7.8	2.0	8.0	8.7	6.0	4.0
8.0	3.0	7.0	9.0	8.0	2.0

注：硼砂（$Na_2B_4O_7 \cdot 10H_2O$）分子量＝381.43；0.05 mol/L 硼酸溶液（等于 0.2 mol/L 硼酸根）的质量浓度为 19.07 g/L。
硼酸（H_3BO_3）分子量=61.84；0.2 mol/L 硼酸溶液的质量浓度为 12.37 g/L。
硼砂易失去结晶水，必须在带塞的瓶中保存。

16. 硼砂-盐酸缓冲液 取 50 mL 0.025 mol/L 硼砂溶液＋*X* mL 0.1mol/L 盐酸溶液混合，加水稀释至 100 mL（附表 1-16）。

附表 1-16 硼砂-盐酸缓冲液配制表

pH	*X*	pH	*X*	pH	*X*
8.00	20.5	8.4	16.6	8.8	9.4
8.10	19.7	8.5	15.2	8.9	7.1
8.20	18.8	8.6	13.5	9.0	4.6
8.30	17.7	8.7	11.6	9.1	2.0

注：硼砂 $Na_2B_4O_7 \cdot 10H_2O$ 分子量＝381.43；0.05 mol/L 硼砂溶液（等于 0.2 mol/L 硼酸根）的质量浓度为 19.07 g/L。

17. 硼砂-氢氧化钠缓冲液 取 *X* mL 0.05 mol/L 硼砂溶液＋*Y* mL 0.2 mol/L NaOH 溶液加水稀释至 200 mL（附表 1-17）。

附表 1-17 硼砂-氢氧化钠缓冲液配制表

pH	*X*	*Y*	pH	*X*	*Y*
9.3	50	6.0	9.8	50	34.0
9.4	50	11.0	10.0	50	43.0
9.6	50	23.0	10.1	50	46.0

注：硼砂（$Na_2B_4O_7 \cdot 10H_2O$）分子量＝381.43；0.05 mol/L 硼砂溶液（等于 0.2 mol/L 硼酸根）的质量浓度为 19.07 g/L。

18. 碳酸钠-碳酸氢钠缓冲液 此缓冲液在 Ca^{2+}、Mg^{2+}存在时不得使用（附表 1-18）。

附表 1-18 碳酸钠-碳酸氢钠缓冲液配制表

pH		0.1 mol/L Na_2CO_3（mL）	0.1 mol/L $NaHCO_3$（mL）
20℃	37℃		
9.16	8.77	1	9
9.40	9.22	2	8
9.51	9.40	3	7
9.78	9.50	4	6
9.90	9.72	5	5
10.14	9.90	6	4

续表

pH		0.1 mol/L Na_2CO_3（mL）	0.1 mol/L $NaHCO_3$（mL）
20℃	37℃		
10.28	10.08	7	3
10.53	10.28	8	2
10.83	10.57	9	1

注：$Na_2CO_3 \cdot 10H_2O$ 分子量＝286.2；0.1 mol/L $Na_2CO_3 \cdot 10H_2O$ 溶液的质量浓度为 28.62 g/L。
$NaHCO_3$ 分子量＝84.0；0.1 mol/L $NaHCO_3$ 溶液的质量浓度为 8.40 g/L。

19. 碳酸氢钠-氢氧化钠缓冲液 取 50 mL 0.05mol/L 碳酸氢钠溶液+*X* mL 0.1 mol/L 氢氧化钠溶液，加水稀释至 100 mL。

附表 1-19 碳酸氢钠-氢氧化钠缓冲液配制表

pH	*X*	pH	*X*	pH	*X*
9.6	5.0	10.1	12.2	10.6	19.1
9.7	6.2	10.2	13.8	10.7	20.2
9.8	7.6	10.3	15.2	10.8	21.2
9.9	9.1	10.4	16.5	10.9	22.0
10.0	10.7	10.5	17.8	11.0	22.7

注：碳酸氢钠（$NaHCO_3$）分子量=84.0；0.05mol/L $NaHCO_3$ 溶液的质量浓度为 4.20 g/L。

20. 氯化钾-氢氧化钠缓冲液 取 25 mL 0.2 mol/L 氯化钾溶液+*X* mL 0.2 mol/L 氢氧化钠溶液混合，加水稀释至 100 mL。

附表 1-20 氯化钾-氢氧化钠缓冲液配制表

pH	*X*	pH	*X*	pH	*X*
12.0	6.0	12.4	16.2	12.8	41.2
12.1	8.0	12.5	20.4	12.9	53.0
12.2	10.2	12.6	25.6	13.0	66.0
12.3	12.8	12.7	32.2		

注：氯化钾（KCl）分子量= 74.55，0.2 mol/L KCl 溶液的质量浓度为 14.91g/L。

（周芳美）

附录 2

化学元素相对原子质量表

元素	符号	相对原子质量（A_r）	原子序号	元素	符号	相对原子质量（A_r）	原子序号
锕	Ac	[227]*	89	铕	Eu	152.0	63
银	Ag	107.9	47	氟	F	19.00	9
铝	Al	26.98	13	铁	Fe	55.85	26
镅	Am	[243]	95	镄	Fm	[257]	100
氩	Ar	39.95	18	钫	Fr	[223]	87
砷	As	74.92	33	镓	Ga	69.72	31
砹	At	[210]	85	钆	Gd	157.3	64
金	Au	197.0	79	锗	Ge	72.61	32
硼	B	10.81	5	氢	H	1.008	1
钡	Ba	137.3	56	氦	He	4.003	2
铍	Be	9.012	4	铪	Hf	178.5	72
铋	Bi	209.0	83	汞	Hg	200.6	80
锫	Bk	[247]	97	钬	Ho	164.9	67
溴	Br	79.90	35	碘	I	126.9	53
碳	C	12.01	6	铟	In	114.8	49
钙	Ca	40.08	20	铱	Ir	192.2	77
镉	Cd	112.4	48	钾	K	39.10	19
铈	Ce	140.1	58	氪	Kr	83.80	36
锎	Cf	[251]	98	镧	La	138.9	57
氯	Cl	35.453	17	锂	Li	6.941	3
锔	Cm	[247]	96	镥	Lu	175.0	71
钴	Co	58.93	27	铹	Lr	[262]	103
铬	Cr	52.00	24	钔	Md	[258]	101
铯	Cs	132.9	55	镁	Mg	24.31	12
铜	Cu	63.55	29	锰	Mn	54.94	25
镝	Dy	162.5	66	钼	Mo	95.94	42
铒	Er	167.3	68	氮	N	14.01	7
锿	Es	[252]	99	钠	Na	22.99	11
氖	Ne	20.18	10	锑	Sb	121.8	51
镍	Ni	58.69	28	钪	Sc	44.96	21

续表

元素	符号	相对原子质量（A_r）	原子序号	元素	符号	相对原子质量（A_r）	原子序号
铌	Nb	92.91	41	硒	Se	78.96	34
钕	Nd	144.2	60	硅	Si	28.09	14
锘	No	[259]	102	钐	Sm	150.4	62
镎	Np	237	93	锡	Sn	118.7	50
氧	O	16.00	8	锶	Sr	87.62	38
锇	Os	190.2	76	钽	Ta	180.9	73
磷	P	30.97	15	铽	Tb	158.9	65
镤	Pa	231.0	91	锝	Tc	[98]	43
铅	Pb	207.2	82	碲	Te	127.6	52
钯	Pd	106.4	46	钍	Th	232.0	90
钷	Pm	[145]	61	钛	Ti	47.87	22
钋	Po	[209]	84	铊	Tl	204.4	81
镨	Pr	140.9	59	铥	Tm	168.9	69
铂	Pt	195.1	78	铀	U	238.0	92
钚	Pu	[244]	94	钒	V	50.94	23
镭	Ra	[226]	88	钨	W	183.8	74
铷	Rb	85.47	37	氙	Xe	131.3	54
铼	Re	186.2	75	钇	Y	88.91	39
铑	Rh	102.9	45	镱	Yb	173.0	70
氡	Rn	[222]	86	锌	Zn	65.39	30
钌	Ru	101.1	44	锆	Zr	91.22	40
硫	S	32.07	16				

注：相对原子质量加括号的数据为该放射性元素半衰期最长同位素的质量数。

（周芳美）

附录 3

英文版生物化学与分子生物学实验教程推荐

近二十年来，生命科学的飞速发展使得生物化学和分子生物学领域不断地涌现出新的概念、内容和方法，与此相对应，生物化学和分子生物学实验教科书也不断地出现新品种、新版本。国内的生物化学和分子生物学实验教材有上百种，国外的教材也不断推陈出新，或是每隔 3～5 年就对旧的版本进行更新。

本附录对国外生物化学和分子生物学实验教材进行简单的介绍，为广大学子提供参考，有助于他们在课外学习中加以借鉴。

1. 书名 ***Molecular Cloning*：*A Laboratory Manual***（附图 3-1）

著者：J.萨姆布鲁克（Sambrook.J.），D.W.拉塞尔

ISBN：9787030386069

近三十年来，分子克隆技术一直是全球生命科学领域实验室专业技术的基础。冷泉港实验室出版了《分子克隆实验指南》，其可靠性和专业性使其成为业内最流行、最具影响力的实验室操作指南。现已发行 4 版，第 4 版的《分子克隆实验指南》保留了之前版本中备受赞誉的细节，经过更新的原有的 10 个核心章节反映了标准技术的发展和创新，并介绍了一些前沿的操作步骤。同时还修订了第 3 版中的核心章节，以突出现有的核酸制备和克隆、基因转移及表达分析的策略和方法，并增加了 12 个新章节，专门介绍最激动人心的研究策略，包括利用 DNA 甲基化技术和染色质免疫沉淀的表观遗传学分析、RNAi、新一代测序技术，以及如何处理数据生成和分析的生物信息学。例如，该书介绍了分析工具的使用，如何比较基因和蛋白质的序列，鉴定多个基因的常见表达模式等。该书还保留了必不可少的附录：包括试剂和缓冲液、常用技术、检测系统、一般安全原则和危险材料。任何使用分子生物学技术的基础研究实验室都将因拥有一本《分子克隆实验指南》而受益。

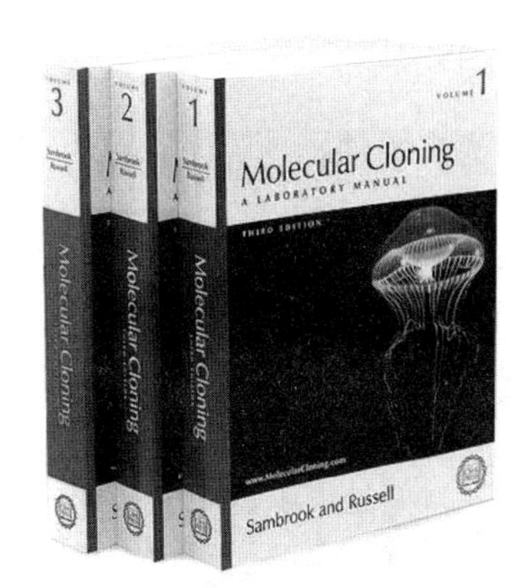

附图 3-1 *Molecular Cloning*：*A Laboratory Manual*

该书可作为学习遗传学、分子细胞生物学、发育生物学、微生物学、神经科学和免疫学等学科的重要指导，可供生物学、医药卫生，以及农、林、牧、渔、检验检疫等方面的科研、教学与技术人员参考。

2. 书名 ***At the Bench*：*A Laboratory Navigator***（附图 3-2）

著者：K.巴克（Kathy Barker）

ISBN：9780879697082

附图 3-2 *At the Bench：A Laboratory Navigator*

该书是对分子生物学实验室工作的全面论述，内容涵盖实验室机构运作、软硬件配置及实验操作过程、结果记录、数据提呈等方面，是实验室工作的指导性手册。可在加强实验室的建设与管理，帮助实验室人员独立熟悉工作环境，更好地完成对实验工作信息的收集、整理、统计与交流等方面发挥积极的作用。

该书可作为高等院校高年级学生、研究生、实验室管理者及分子生物学实验室工作人员的参考用书。

3. 书名 ***Experimental Biochemistry***（附图 3-3）

著者：B. Sashidhar Rao，Vijay M. Deshpande

ISBN：9788188237418

该书基于概念导向方法对生物化学实验进行描述，旨在培养学生在实验室进行实验的能力，适合作大学生物化学课程的教材。

附图 3-3 *Experimental Biochemistry*

4. 书名 ***Modern Experimental Biochemistry***（附图 3-4）

著者：Rodney Boyer

ISBN：9780805331110

该书为读者提供了现代和完整的生物化学实验经验，第一部分介绍理论与实验技术，围绕重要技术提出深入的理论讨论，对于教师和学生来说，这是一个有价值的参考。该书包括 15 个测试实验，灵活性较佳，旨在满足教学各方面的需求并提升学生的综合能力。该书在每个实验中提供了最新的安全和环境预防措施，以便告知学生和教师潜在的危害和材料的妥善处置方法，适用于各类院校生物学、植物学、动物学、农学、林学等相关专业本科生和研究生的实验教学。该书除了用于实验教学之外，还可供有关科研人员参考使用。

附图 3-4 *Modern Experimental Biochemistry*

（周　捷）

附录 4

临床常用生化检测指标

肌酸激酶	creatine kinase（CK）
肌酸激酶-MB 亚型	creatine kinase MB（CK-MB）
巨肌酸激酶	macro-creatine kinase
谷草转氨酶	aspartate aminotransferase（AST）
谷丙转氨酶	alanine aminotransferase（ALT）
乳酸脱氢酶	lactate dehydrogenase（LDH）
乳酸脱氢酶同工酶	lactate dehydrogenase isoenzyme
碱性磷酸酶	alkaline phosphatase（ALP）
碱性磷酸酶同工酶	alkaline phosphatase isoenzyme
骨碱性磷酸酶	bone alkaline phosphatase（BALP）
γ-谷氨酰转肽酶	gamma glutamyl transpeptidase（GGT）
γ-谷氨酰转肽酶同工酶	GGT isoenzyme
胆碱酯酶	cholinesterase
腺苷脱氨酶	adenosine deaminase（ADA）
淀粉酶	amylase（AMS）
脂肪酶	lipase（LPS）
磷脂酶 A2	phospholipase A2
5′-核苷酸酶	5′-nucleotidase
总蛋白	total protein（TP）
白蛋白	albumin（ALB）
肌酸	creatine
肌酐	creatinine（Cr）
尿酸	uric acid（UA）
尿素	urea
氨	ammonia
高半胱氨酸	homocysteine（HCY）
前白蛋白	prealbumin（PA）
微量白蛋白	microalbumin（mALB）
C 反应蛋白	C-reactive protein（CRP）
β2 微球蛋白	β2-microglobulin
运铁蛋白	transferrin（TFN）
α1 抗胰蛋白酶	α1-antitrypsin（α1-AT）
视黄醇结合蛋白质	retinol-binding protein（RBP）

α2 巨球蛋白	α2-macroglobulin
肌钙蛋白 T	troponin T
肌钙蛋白 I	troponin I
肌红蛋白	myoglobin
缺血修饰白蛋白	ischemia-modifiedalbumin（IMA）
心房钠尿肽	atrial natriuretic peptide（ANP）
B 型钠尿肽	type B natriuretic peptide（BNP）
N 端-B 型钠尿肽前体	N-terminal type B pronatriuretic peptide（NT-ProBNP）
妊娠相关蛋白 A	pregnancy associated plasma protein（PAPP-A）
心型脂肪酸结合蛋白	heart fatty acid-binding protein，HFBP
葡萄糖	glucose（GLU）
糖化血红蛋白	glycosylated hemoglobin（HbA1c）
果糖胺（糖化血清蛋白）	fructosamine
乳酸	lactate
三酰甘油	triglyceride（TG）
总胆固醇	total cholesterol（TC）
高密度脂蛋白胆固醇	HDL-cholesterol（HDL-C）
低密度脂蛋白胆固醇	LDL-cholesterol（LDL-C）
总胆汁酸	total bile acids
脂蛋白 a	lipoprotein a[Lp（a）]
载脂蛋白 A	apolipoprotein A（ApoA）
载脂蛋白 B	apolipoprotein B（ApoB）
载脂蛋白 E	apolipoprotein E（ApoE）
1,25-二羟基维生素 D_3	1,25-dihydroxy vitamin D3
叶酸	folic acid
钠	sodium（Na）
钾	potassium（K）
氯	chloride（Cl）
镁	magnesium（Mg）
钙	calcium（Ca）
离子钙	ionized calcium
无机磷酸盐	inorganic phosphate
动脉血酸碱度	arterial blood pH
动脉血 CO_2 分压	partial pressure of carbon dioxide in arterial blood
O_2 分压	partial pressure of oxygen
血氧饱和度	oxygen saturation
血浆碳酸氢盐浓度	plasma bicarbonate concentration
碱剩余	base excess
总胆红素	total bilirubin（TBIL）
直接（结合）胆红素	conjugated bilirubin（DBIL）
铁	iron，Fe
总铁结合力	total iron binding capacity（TIBC）
不饱和铁结合力	unsaturated iron binding capacity

（徐银海）

中英文名词对照

2,4-二硝基氟苯 1-fluro-2,4-dinitro benzene, FDNB
2,6-二氯酚靛酚钠 2,6-dichlorophenolindophenol, DPI

B

苯胺基萘磺酸盐 anilinonaphthalene sulfonate
标准品 marker
丙烯酰胺 acrylamide, Acr
薄层层析 thin layer chromatography
不连续凝胶电泳 discontinuous gel electrophoresis

C

差速离心法 differential velocity centrifugation
沉降速度 sedimentation velocity
沉降系数 sedimentation coefficient
醋酸纤维素薄膜电泳 cellulose acetate membrane electrophoresis

D

大肠杆菌 *Escherichia coli*
等电点 isoelectric point, pI
等密度离心法 isodensity centrifugation
低血糖 hypoglycemia
电泳 electrophoresis

E

二硝基氟苯 fluorodinitrobenzene, FDNB

F

反相层析 reverse phase chromatography
分离度 resolution, Rs
分离胶 resolving gel
分配比 distribution ratio
分配层析 partition chromatograph
分配系数 distribution coefficient

G

谷丙转氨酶 alanine aminotransferase, ALT
甘氨酸 glycine
甘油激酶 glycerokinase, GK
高效液相色谱法 high performance liquid chromatography, HPLC
高血糖 hyperglycemia
贯流层析 perfusion chromatography
过硫酸铵 ammonium persulphate, AP
过氧化物酶 peroxidase, POD

H

核糖核酸酶A RNase A
辣根过氧化物酶 horseradish peroxidase, HRP

J

甲叉双丙烯酰胺 bis-acrylamide, Bis
甲基百里香酚蓝 methyl thymol blue, MTB
碱基对 base pair, bp
碱性磷酸酶 alkaline phosphatase, ALP
交联葡聚糖 sephadex
金属螯合层析 metal chelating chromatography
聚丙烯酰胺凝胶电泳 polyacrylamide gel electrophoresis, PAGE
聚合酶链反应 polymerase chain reaction, PCR
聚焦层析 focusing chromatography

K

抗凝剂 anticoagulant
考马斯亮蓝 coomassie brilliant blue

L

离心技术 centrifugal technique
离心力 centrifugal force, Fc
离子交换层析 ion exchange chromatography
流行病学统计程序 Statistics Program for

Epidemiology on Microcomputer，EPINFO
磷酸甘油氧化酶 glycerophosphate oxidase

M

酶联免疫吸附试验 enzyme linked immunesorbent assay，ELISA

N

凝胶过滤层析 gel filtration chromatography
浓缩胶 stacking gel

P

葡聚糖 dextran
葡糖氧化酶 glucose oxidase，GOD

Q

迁移率 mobility
亲和层析 affinity chromatography
氢离子浓度 hydrogen ion concentration
琼脂糖凝胶 sepharose
琼脂糖凝胶电泳 agarose gel electrophoresis

S

社会学统计程序包 Statistical Package for the Social Science，SPSS
生物碱 alkaloid
十二烷基硫酸钠 odium dodecyl sulfate，SDS
疏水层析 hydrophobic chromatography
四甲基乙二胺 *N,N,N',N'*-Tetramethylethylenediamine，TEMED
速率区带离心法 rate-zonal centrifugation
三酰甘油 triglyceride，TG
三羟甲基氨基甲烷 trihydroxymethyl aminomethane，Tris

T

铁蛋白 ferritin，FE
统计分析系统 Statistical Analysis System，SAS

W

维生素 C vitamin C

X

吸附层析 absorption chromatography
虾青素 astaxanthin
相对离心力 relative centrifugal force，RCF
溴乙锭 ethidium bromide，EB
血红蛋白 hemoglobin，Hb
血清铁蛋白 serum ferritin，SF
腺苷三磷酸 adenosine triphosphate，ATP

Y

盐析 salting out
药理学计算软件 Drug and Statistics，DAS
医学统计学软件包 Package for Encyclopaedia of Medical Statistics，PEMS
荧光胺 fluorescamine
游离脂肪酸 free fattyacid FFA
乙二胺四乙酸 ethylenediaminetetraacetic acid，EDTA

Z

载体 support
纸层析 paper chromatography
柱层析 column chromatography
脂蛋白脂肪酶 Lipoprotein lipase，LPL

（刘小香）